前言

党的二十大报告指出：教育、科技、人才是全面建设社会主义现代化国家的基础性、战略性支撑。必须坚持科技是第一生产力、人才是第一资源、创新是第一动力，深入实施科教兴国战略、人才强国战略、创新驱动发展战略，开辟发展新领域新赛道，不断塑造发展新动能新优势。

随着信息技术的不断发展，计算机在人们的工作和生活中发挥着越来越重要的作用，已成为人们在信息社会中必不可少的工具。目前，计算机技术已广泛应用于军事、科研、经济和文化等领域。为了适应社会发展的需求，熟练运用计算机进行信息处理已成为每位大学生的必备素养。

信息技术基础作为一门公共基础必修课程，对大学生的工作和就业有较大的帮助；计算机操作也是大学生步入职场前应掌握的基本技能。为了弥补大学生实际操作训练的不足，我们参考《高等职业教育专科信息技术课程标准（2021 年版）》和《全国计算机等级考试一级计算机基础及 WPS Office 应用考试大纲（2025 年版）》的要求，在编写了主教材《信息技术基础（Windows 11+WPS Office）（AI 协同）（微课版）（第 3 版）》后，又编写了本书。

本书的内容

本书内容分为两个部分。第一部分为上机指导，该部分根据《信息技术基础（Windows 11+WPS Office）（AI 协同）（微课版）（第 3 版）》的内容，分项目列出了上机指导的相关操作步骤和实践练习题，便于学生在上机实训时使用，以帮助其深入理解理论知识，增强实际操作能力。第二部分为习题集，该部分根据《信息技术基础（Windows 11+WPS Office）（AI 协同）（微课版）（第 3 版）》的内容，对知识进行了进一步的深化，通过单选题、多选题和判断题 3 类题型帮助学生对所学知识进行巩固，不断加深对计算机相关理论知识和操作的熟悉程度。

学习本门课程时，学生必须进行大量的练习才能掌握所学知识。本书提供大量的上机指导和习题，且与《信息技术基础（Windows 11+WPS Office）（AI 协同）（微课版）（第 3 版）》每个项目中的内容相对应。学生学习了主教材后，可通过本书进行上机练习，也可通过习题集巩固理论知识。

本书中所涉及的功能说明及操作界面均以完稿时的版本为准。由于信息技术发展迅速，各类工具持续迭代与更新，希望读者在掌握基础方法后，可举一反三，实现触类旁通、融会贯通的学习效果。

配套资源说明

　　本书第一部分上机指导配有微课视频，读者可扫描书中的二维码直接观看。本书第一部分的操作题涉及一些素材和效果文件，读者可以登录人邮教育社区（www.ryjiaoyu.com）搜索本书书名，或者直接扫描本书封底二维码查看相关资源并下载使用。

编　者

2025 年 4 月

工业和信息化
精品系列教材

程远东　胡钢◎主编

微课版　第3版

（Windows 11+WPS Office）（AI协同）

上机指导与习题集

信息技术基础

人民邮电出版社
北京

图书在版编目（CIP）数据

信息技术基础上机指导与习题集 ：Windows 11+WPS Office ：AI 协同 ：微课版 / 程远东，胡钢主编. 3 版. -- 北京 ：人民邮电出版社，2025. --（工业和信息化精品系列教材）. -- ISBN 978-7-115-67347-3

Ⅰ. TP316.7-44；TP317.1-44

中国国家版本馆 CIP 数据核字第 2025KA9609 号

内 容 提 要

本书以《高等职业教育专科信息技术课程标准（2021 年版）》为参考，是《信息技术基础（Windows 11+WPS Office）（AI 协同）（微课版）（第 3 版）》一书的上机指导与习题集。全书共两个部分，第一部分是上机指导，包括从零开始——了解计算机、打造精美文档——文档制作、高效管理数据——电子表格制作、提升说服力——演示文稿制作、快速获取信息——信息检索、感受新兴技术——新一代信息技术概述、提升个人素质——信息素养与社会责任、拥抱科技浪潮——人工智能 8 个方面的内容。读者可以按照《信息技术基础（Windows 11+WPS Office）（AI 协同）（微课版）（第 3 版）》和本书中的指导进行上机操作。第二部分是习题集，该部分参考《全国计算机等级考试一级计算机基础及 WPS Office 应用考试大纲（2025 年版）》和《信息技术基础（Windows 11+WPS Office）（AI 协同）（微课版）（第 3 版）》的内容，设计了各类习题。习题类型主要有单选题、多选题和判断题 3 类，方便读者进行自测练习。

本书可作为高校计算机相关专业的基础教材或参考书，也可作为计算机培训班的教材或全国计算机等级考试的自学参考书。

◆ 主　编　程远东　胡　钢
　　责任编辑　王照玉
　　责任印制　王　郁　焦志炜
◆ 人民邮电出版社出版发行　　北京市丰台区成寿寺路 11 号
　　邮编　100164　　电子邮件　315@ptpress.com.cn
　　网址　https://www.ptpress.com.cn
　　北京市艺辉印刷有限公司印刷
◆ 开本：787×1092　1/16
　　印张：9.75　　　　　　　　2025 年 8 月第 3 版
　　字数：277 千字　　　　　　2025 年 8 月北京第 1 次印刷

定价：39.80 元

读者服务热线：(010)81055256　印装质量热线：(010)81055316
反盗版热线：(010)81055315

目录

第一部分　上机指导

项目八

拥抱科技浪潮——人工智能 ·············· 113

第二部分　习题集

项目一

从零开始——了解计算机 ···

项目二

打造精美文档——文档制作 ··············

项目三

高效管理数据——电子表格制作 ··············

项目四

提升说服力——演示文稿制作 ··············

项目五

快速获取信息——信息检索 ··············

项目六

感受新兴技术——新一代信息技术概述 ··············

项目七

提升个人素质——信息素养与社会责任 ··············

项目八

拥抱科技浪潮——人工智能 ··············

第一部分

上机指导

项目一
从零开始——了解计算机

01

实验一 数制的转换

（一）实验目的

◆ 了解常用数制之间的转换方法。

（二）实验内容

1. 非十进制数转换成十进制数

（1）将二进制数 11010 转换成十进制数

先将二进制数 11010 按位权展开，然后将乘积相加，转换过程如下所示：

$$(11010)_2 = (1 \times 2^4 + 1 \times 2^3 + 0 \times 2^2 + 1 \times 2^1 + 0 \times 2^0)_{10} = (16+8+2)_{10} = (26)_{10}$$

（2）将八进制数 643 转换成十进制数

先将八进制数 643 按位权展开，然后将乘积相加，转换过程如下所示：

$$(643)_8 = (6 \times 8^2 + 4 \times 8^1 + 3 \times 8^0)_{10} = (384+32+3)_{10} = (419)_{10}$$

（3）将十六进制数 2AB.6 转换成十进制数

先将十六进制数 2AB.6 按位权展开，然后将乘积相加，转换过程如下所示：

$$(2AB.6)_{16} = (2 \times 16^2 + 10 \times 16^1 + 11 \times 16^0 + 6 \times 16^{-1})_{10} = (512+160+11+0.375)_{10}$$
$$= (683.375)_{10}$$

2. 十进制数转换成二进制数

将十进制数 285.125 转换成二进制数：用"除 2 取余法"对整数部分进行转换，再用"乘 2 取整法"对小数部分进行转换。转换过程如下所示：

$$(285.125)_{10} = (100011101.001)_2$$

		整数部分			小数部分		
2		285	余 1	低位	0.125		
	2	142	余 0		× 2	取整	
		2	71	余 1	0.250	0	高位
		2	35	余 1	× 2		
			2	17	余 1	0.500	0
			2	8	余 0	× 2	
				2	4	余 0	1.000	1	低位
				2	2	余 0		
				2	1	余 1	高位	

3．二进制数转换成八进制数

二进制数转换成八进制数采用的转换原则是"3位分一组"，即以小数点为界，整数部分从右向左每3位为一组，若最后一组不足3位，则在最高位前面添0补足3位，然后将每组中的二进制数按权相加得到对应的八进制数；小数部分从左向右每3位为一组，最后一组不足3位时，尾部用0补足3位，然后按照顺序写出每组二进制数对应的八进制数。

将二进制数11111101.101转换为八进制数，转换过程如下所示：

二进制数　　　011　　　111　　　101.　　101
八进制数　　　　3　　　　7　　　　5.　　　5

得到的结果为（11111101.101）$_2$ =（375.5）$_8$

4．二进制数转换成十六进制数

二进制数转换成十六进制数采用的转换原则是"4位分一组"，即以小数点为界，整数部分从右向左、小数部分从左向右每4位为一组，不足4位用0补齐。

将二进制数1011011100111011.101转换为十六进制数，转换过程如下所示：

二进制数　　1011　　0111　　0011　　1011.　　1010
十六进制数　　B　　　7　　　3　　　B.　　　A

得到的结果为（1011011100111011.101）$_2$ =（B73B.A）$_{16}$

5．八进制数转换成二进制数

八进制数转换成二进制数采用的转换原则是"一分为三"，即从八进制数的低位开始，将每一位上的八进制数写成对应的3位二进制数。如有小数部分，则从小数点开始，按上述方法分别向左右两边进行转换。

将八进制数512.3转换为二进制数，转换过程如下所示：

八进制数　　　5　　　1　　　2　.　3
二进制数　　101　　001　　010　.　011

得到的结果为（512.3）$_8$ =（101001010.011）$_2$

6．十六进制数转换成二进制数

十六进制数转换成二进制数采用的转换原则是"一分为四"，即将每一位上的十六进制数写成对应的4位二进制数。

将十六进制数7A2F1转换为二进制数，转换过程如下所示：

十六进制数　　7　　　A　　　2　　　F　　　1
二进制数　　0111　　1010　　0010　　1111　　0001

得到的结果为（7A2F1）$_{16}$ =（1111010001011110001）$_2$

实验二　安装与卸载应用软件

（一）实验目的

◆ 掌握在计算机中安装应用软件的方法。
◆ 掌握在计算机中卸载应用软件的方法。

（二）实验内容

1．安装应用软件

下面在计算机中安装微信，具体操作如下。

① 在浏览器中搜索"微信"，进入其官方网站后，单击"Windows"按钮⊞，然后在打开的界面中单击 ⊙下载 3.9.12 适用于 Windows7 及以上新本 按钮，如图 1-1 所示。

② 文件下载完成后，打开文件所在的文件夹，然后双击该文件，并在打开的提示对话框中单击 运行(R) 按钮，如图 1-2 所示。

③ 打开微信的安装向导对话框，选中"我已阅读并同意服务协议"单选项，然后单击 安装 按钮，如图 1-3 所示。

微课 1-1

安装应用软件

图 1-1　下载微信

图 1-2　运行文件

图 1-3　安装微信

④ 此时系统将开始安装微信，并显示安装进度，如图 1-4 所示。微信安装完成后，单击 开始使用 按钮启动微信，同时可以选中"开机时自动启动微信"单选项，使每次开机时微信都能自动启动，安装完成如图 1-5 所示。

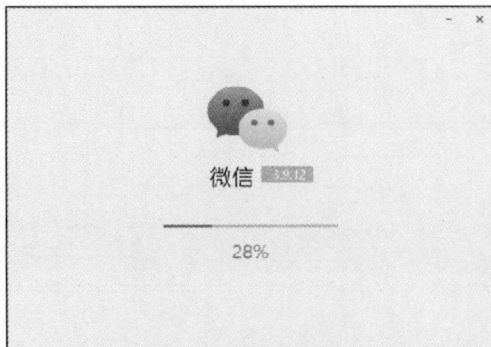

图 1-4　显示安装进度

图 1-5　安装完成

2. 卸载应用软件

下面在计算机中卸载 Python 软件，具体操作如下。

① 在计算机桌面上单击"控制面板"按钮![img]，打开"所有控制面板项"窗口，在其中单击"程序和功能"超链接，如图 1-6 所示。

② 打开"程序和功能"窗口，在"名称"列表框中选择"Python 3.13.2 (64-bit)"选项，然后单击 卸载 按钮，如图 1-7 所示。

③ 此时系统将开始卸载 Python 软件，并显示卸载进度，如图 1-8 所示。卸载完成后，单击 Close 按钮完成软件卸载，如图 1-9 所示。

微课 1-2

卸载应用软件

图 1-6　单击"程序和功能"超链接

图 1-7　卸载软件

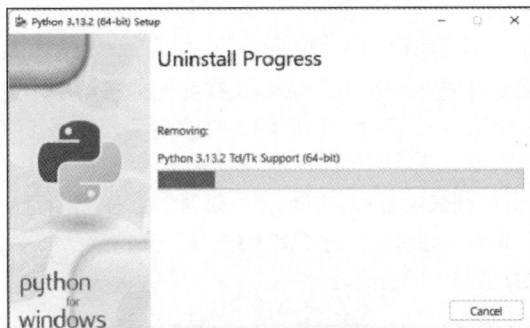

图 1-8　显示卸载进度

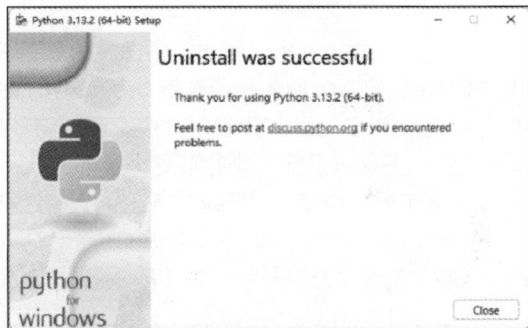

图 1-9　完成卸载

实验三　管理文件和文件夹资源

（一）实验目的

◆ 掌握新建、移动、复制、重命名、删除及还原文件或文件夹的方法。
◆ 熟悉设置文件和文件夹属性的方法。
◆ 了解使用快速访问列表的方法。

（二）实验内容

1. 新建文件或文件夹

下面在计算机中新建"公司简介"和"公司员工名单"文件，以及"办公"文件夹和"表格""文档"子文件夹，具体操作如下。

① 在计算机桌面上双击"此电脑"图标■，打开"此电脑"窗口，双击"本地磁盘(E:)"图标，打开"本地磁盘(E:)"窗口。

② 在工具栏中单击"新建"按钮⊕，在打开的下拉列表中选择"文本文档"选项，或在窗口空白处单击鼠标右键，在弹出的快捷菜单中选择"新建"命令，在弹出的子菜单中选择"文本文档"命令，如图 1-10 所示。

③ 此时系统将在当前文件夹中新建一个名为"新建 文本文档"的文件，且文件名呈可编辑状态，切换到搜狗拼音输入法输入"公司简介"文本，然后在空白处单击或按【Enter】键，效果如图 1-11 所示。

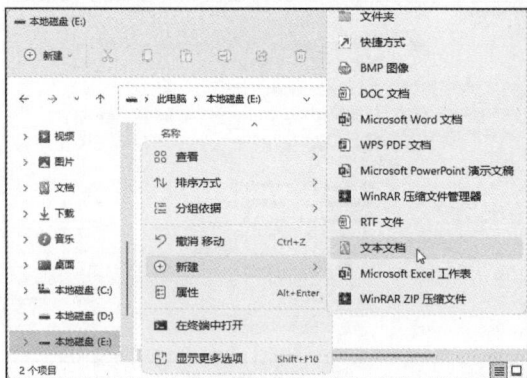

微课 1-3

新建文件或
文件夹

图 1-10　新建文本文档

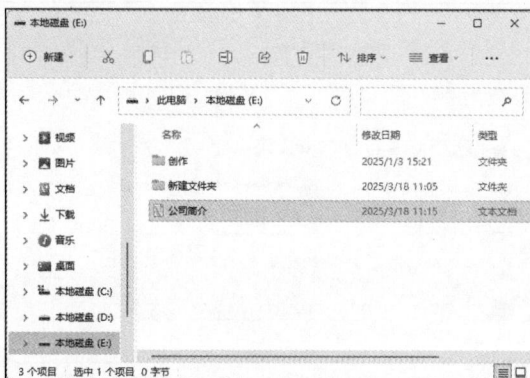

图 1-11　命名文件

④ 在工具栏中单击"新建"按钮⊕，在打开的下拉列表中选择"Microsoft Excel 工作表"选项，或在窗口空白处单击鼠标右键，在弹出的快捷菜单中选择"新建"命令，在弹出的子菜单中选择"Microsoft Excel 工作表"命令，此时将新建一个 Excel 文件，然后输入文件名"公司员工名单"，并按【Enter】键，效果如图 1-12 所示。

⑤ 在工具栏中单击"新建"按钮⊕，在打开的下拉列表中选择"文件夹"选项，或在窗口空白处单击鼠标右键，在弹出的快捷菜单中选择"新建"命令，在弹出的子菜单中选择"文件夹"命令，输入文件夹名称"办公"后，按【Enter】键，效果如图 1-13 所示。

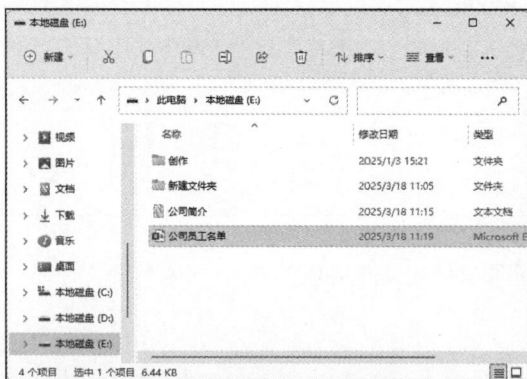

图 1-12　新建 Excel 文件

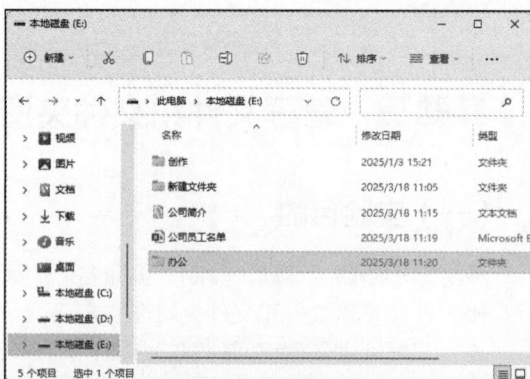

图 1-13　新建文件夹

⑥ 双击新建的"办公"文件夹，在工具栏中单击"新建"按钮⊕，在打开的下拉列表中选择"文件夹"选项，输入子文件夹名称"表格"后按【Enter】键，然后使用相同的方法在"办公"文件夹中新建一个名为"文档"的子文件夹。

2. 移动、复制、重命名文件或文件夹

下面移动"公司员工名单.xlsx"工作簿，复制"公司简介.txt"文本文档，并重命名复制的文件为"招聘信息"，具体操作如下。

① 在导航窗格中单击"此电脑"图标■，然后选择"本地磁盘(E:)"选项。

② 在窗口右侧选择"公司员工名单.xlsx"工作簿，在其上单击鼠标右键，在弹出的快捷菜单中单击"剪切"按钮✂，或在工具栏中单击"剪切"按钮✂（或按【Ctrl+X】组合键），将该文件移至剪贴板中，此时该文件呈灰色透明效果显示。

③ 在导航窗格中打开"表格"子文件夹，在其中单击鼠标右键，在弹出的快捷菜单中单击"粘贴"按钮🗋，或在工具栏中单击"粘贴"按钮🗋（或按【Ctrl+V】组合键），将"公司员工名单.xlsx"工作簿移动到"表格"子文件夹中，如图1-14所示。

④ 单击两次地址栏左侧的"返回到"按钮←，返回"本地磁盘(E:)"窗口，此时可看到窗口中已没有"公司员工名单.xlsx"工作簿了。

⑤ 选择"公司简介.txt"文本文档，在其上单击鼠标右键，在弹出的快捷菜单中单击"复制"按钮🗋，如图1-15所示，或在工具栏中单击"复制"按钮🗋（或按【Ctrl+C】组合键），将该文件移至剪贴板中，此时窗口中的文件不会发生任何变化。

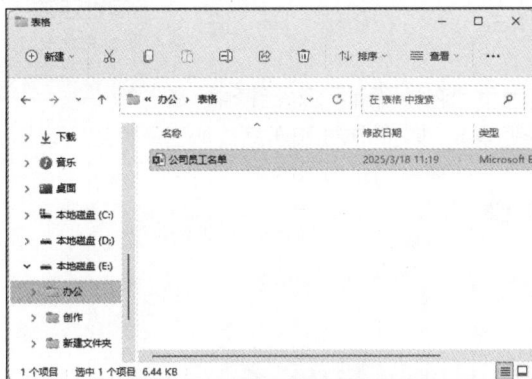

图1-14　移动文件到指定文件夹中

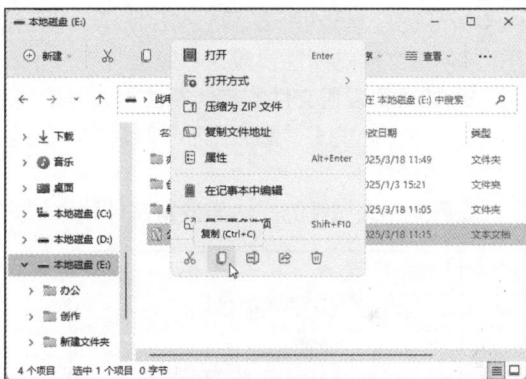

图1-15　复制文件

⑥ 在导航窗格中打开"文档"子文件夹，在其中将复制的"公司简介.txt"文本文档粘贴到该子文件夹中。

⑦ 选择复制后的"公司简介.txt"文本文档，在其上单击鼠标右键，在弹出的快捷菜单中单击"重命名"按钮🗒，此时要重命名的文件名称呈可编辑状态，在其中输入新的名称"招聘信息"后按【Enter】键。移动、复制、重命名文件夹的方法与移动、复制、重命名文件的方法类似。

3. 删除和还原文件

下面删除本地磁盘(E:)中的"公司简介.txt"文本文档，再将其还原，具体操作如下。

① 在导航窗格中选择"本地磁盘(E:)"选项，在窗口右侧选择"公司简介.txt"文本文档，然后在其上单击鼠标右键，在弹出的快捷菜单中单击"删除"按钮🗑，如图1-16所示，将所选文件放入回收站。

② 在任务栏最右侧单击"显示桌面"按钮│，切换至桌面，双击"回收站"图标🗑，在打开的窗口中可查看最近删除的文件和文件夹等。

③ 在要还原的"公司简介.txt"文本文档上单击鼠标右键，在弹出的快捷菜单中选择"还原"命令，如图1-17所示，将其还原到被删除前的位置。

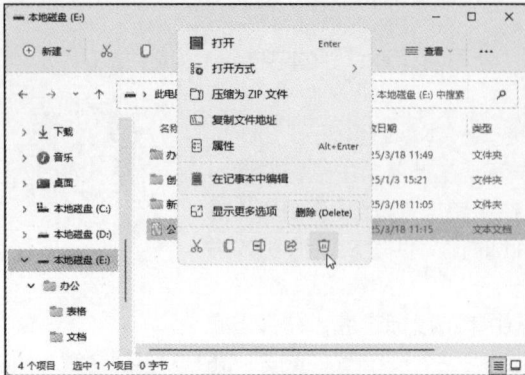

图1-16　删除文件

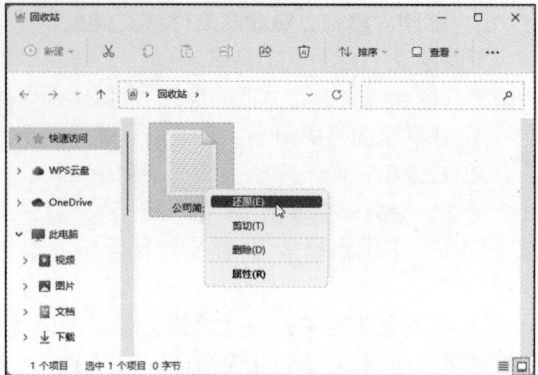

图1-17　还原文件

4．设置文件或文件夹属性

下面将"公司员工名单.xlsx"工作簿的属性更改为"只读"，具体操作如下。

① 在导航窗格中打开"表格"子文件夹，在窗口右侧选择"公司员工名单.xlsx"工作簿，在其上单击鼠标右键，在弹出的快捷菜单中选择"属性"命令。

② 打开"公司员工名单 属性"对话框，在"常规"选项卡中的"属性"栏中选中"只读"复选框，如图1-18所示，然后依次单击 应用(A) 按钮和 确定 按钮，将所选文件的属性设置为"只读"。

③ 如果要设置文件的其他属性，则可单击"公司员工名单 属性"对话框中的 高级(D)... 按钮，打开"高级属性"对话框，在其中根据需要对文件属性和压缩或加密属性进行设置，如图1-19所示。

设置文件夹属性的方法与设置文件属性的方法类似。

微课 1-6

设置文件或
文件夹属性

图1-18　设置文件属性

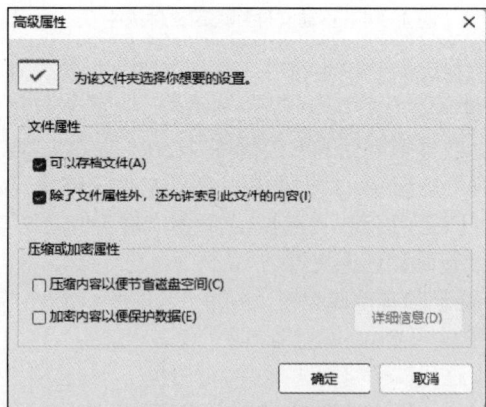

图1-19　设置高级属性

5．使用快速访问列表

使用快速访问列表的方法有以下4种。

- 选择需要固定到快速访问列表中的文件夹，在工具栏中单击"查看更多"按钮 ，在打开的下拉列表中选择"固定到快速访问"选项。

- 在导航窗格中选择需要固定到快速访问列表中的文件夹，单击鼠标右键，在弹出的快捷菜单中选择"固定到快速访问"命令。
- 选择需要固定到快速访问列表中的文件夹，在导航窗格中的"快速访问"图标⭐上单击鼠标右键，在弹出的快捷菜单中选择"将当前文件夹固定到'快速访问'"命令，如图 1-20 所示。
- 在需要固定到快速访问列表中的文件夹上单击鼠标右键，在弹出的快捷菜单中选择"固定到快速访问"命令，如图 1-21 所示。

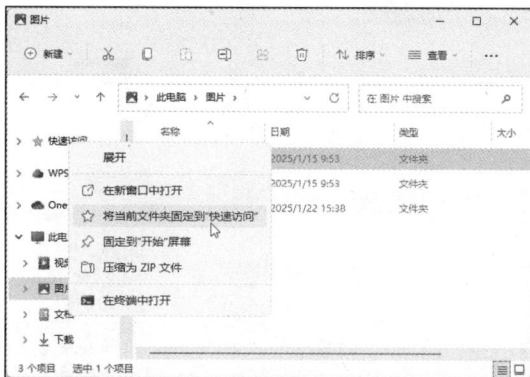

微课 1-7

使用快速访问列表

图 1-20　通过"快速访问"图标固定文件夹　　图 1-21　通过文件夹快捷命令固定文件夹

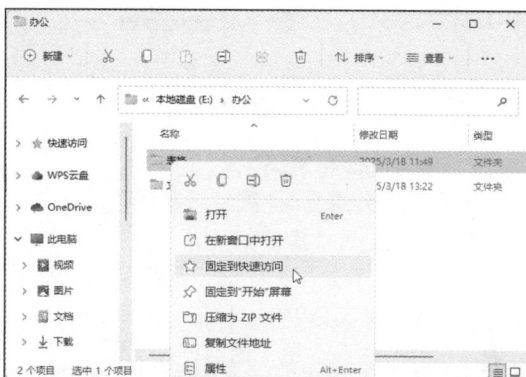

实验四　定制 Windows 11 工作环境

（一）实验目的

◆　了解创建 Microsoft 账户的流程。
◆　掌握设置头像和密码的方法。
◆　掌握设置日期和时间的方法。
◆　掌握个性化设置 Windows 11 操作系统的方法。

（二）实验内容

1. 创建 Microsoft 账户

下面通过网页创建名称为"李峰"的 Microsoft 账户，具体操作如下。

① 在浏览器中搜索与 Microsoft 账户注册相关的内容，打开"Microsoft 登录"页面，如图 1-22 所示，在其中直接单击"创建一个！"超链接。

② 打开"创建账户"页面，在其中输入邮箱信息，单击 下一步 按钮；打开"创建密码"页面，在其中输入需要设置的密码，单击 下一步 按钮。

③ 打开"你的名字是什么？"页面，在其中输入姓名信息，单击 下一步 按钮；打开"你的出生日期是什么？"页面，在其中设置出生年、月、日信息，单击 下一步 按钮。

④ 打开"验证电子邮件"页面，此时 Microsoft 会自动发送一封邮件至申请的电子邮箱，进入邮箱查看安全代码，然后在"验证电子邮件"页面中输入安全代码，单击 下一步 按钮；打开"创建账户"页面，在其中输入验证字符，单击 下一步 按钮，完成账户的创建。

⑤ 返回主页后，可查看创建后的 Microsoft 账户，如图 1-23 所示。

微课 1-8

创建 Microsoft 账户

图 1-22 "Microsoft 登录"页面

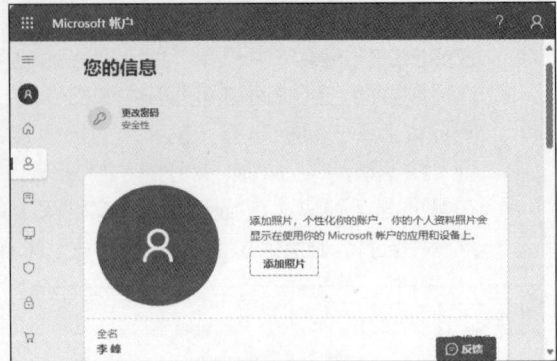

图 1-23 查看创建后的 Microsoft 账户

2. 设置头像和密码

下面将"头像.jpg"图片设置为当前账户的头像，然后设置账户登录密码为
"20220506"，具体操作如下。

① 单击"开始"按钮 ▦，在打开的"开始"菜单中单击"设置"按钮 ⚙，
打开"设置"窗口；单击"账户"选项卡，在"账户设置"栏中选择"账户信息"
选项，打开"账户信息"窗口，在"调整照片"栏中单击 浏览文件 按钮。

② 打开"打开"对话框，在其中选择"头像.jpg"图片（配套资源:\素材文
件\项目一\头像.jpg）后，单击 选择图片 按钮，返回"设置"窗口，查看设置的账户头像，如图 1-24
所示。

微课 1-9

设置头像和密码

图 1-24 查看设置的账户头像

③ 在"设置"窗口左侧单击"账户"选项卡，返回上一窗口，在"账户设置"栏中选择"登
录选项"选项，在打开的界面中单击"密码"下方的 添加 按钮，在打开的界面中设置密码为
"20220506"，提示为"进入公司的日期"，然后单击 下一页 按钮，在打开的对话框中输入密码和密
码提示，最后单击 完成 按钮完成登录密码的设置。

3. 设置日期和时间

下面将系统日期修改为 2025 年 11 月 20 日，再设置星期一为一周的第一天，
具体操作如下。

① 将鼠标指针移至任务栏右侧的时间显示区域上，单击鼠标右键，在弹出
的快捷菜单中选择"调整日期和时间"命令。

② 打开"日期和时间"界面，单击"自动设置时间"按钮 ⬤▬，使其处于
"关"状态，然后单击"手动设置时间和日期"右侧的 更改 按钮。

③ 打开"更改日期和时间"对话框，在对应的下拉列表中设置日期为 2025 年 11 月 20 日，

微课 1-10

设置日期和时间

完成后单击 [更改] 按钮，返回"日期和时间"界面。

④ 在"日期和时间"界面中单击"语言和区域"超链接，打开"语言和区域"界面，在"区域"栏中的"区域格式"栏中单击 [更改格式] 按钮，打开"区域格式"界面，在"一周的第一天"下拉列表中选择"星期一"选项。

4. "个性化"设置

下面对 Windows 11 进行"个性化"设置，主要操作包括将"背景.jpg"图片设置为静态的桌面背景、选择主题颜色，具体操作如下。

① 在桌面空白处单击鼠标右键，在弹出的快捷菜单中选择"个性化"命令。

② 打开"个性化"界面，在右侧选择"背景"选项，在打开的"背景"界面中单击 [浏览照片] 按钮。

微课 1-11

"个性化"设置

③ 打开"打开"对话框，在其中选择"背景.jpg"图片（配套资源:\素材文件\项目一\背景.jpg），然后单击 [选择图片] 按钮。

④ 返回"背景"界面，单击"个性化"选项卡，返回上一窗口，选择"颜色"选项，在打开的"颜色"界面中设置"选择模式"为"深色"，然后选择"主题色"栏中的"浅绿色"选项，并在下方选中"在'开始'和任务栏上显示重点颜色"和"在标题栏和窗口边框上显示强调色"复选框。

⑤ 关闭窗口并返回桌面，查看设置后的效果，如图 1-25 所示。

图 1-25 "个性化"设置效果

综合实践

1. 使用浏览器下载并安装最新版的 WPS Office，然后打开该软件，在其中尝试使用 WPS AI 进行一些内容创作与内容优化。

2. 在网上下载一张自己喜欢的图片，并将其设置为桌面背景，然后自定义主题颜色。

3. 按照日期、类型等依据整理计算机中的文件与文件夹，并将多余的、不需要的文件删除。

4. 创建一个以自己名字为名称的 Microsoft 账户，并将头像更改为自己的照片。

项目二
打造精美文档——文档制作

02

(一)实验目的

◆ 掌握使用 DeepSeek 创作文字内容的方法。
◆ 掌握在 WPS 文字中输入文本和日期的方法。
◆ 掌握查找和替换文本的方法。
◆ 掌握保存文档的方法。

(二)实验内容

1. 使用 DeepSeek 生成放假通知

下面使用 DeepSeek 生成 2025 年中秋节放假通知,具体操作如下。

① 在浏览器中搜索"DeepSeek",进入其官方网站后,输入生成放假通知的要求,然后按【Enter】键获取结果,如图 2-1 所示。

② 选择生成的内容,按【Ctrl+C】组合键进行复制,然后新建 WPS 文字,按【Ctrl+V】组合键进行粘贴。

③ 因为 DeepSeek 生成的放假日期与公司实际的放假安排不相符,所以需要手动更改放假日期和上班日期,如图 2-2 所示。

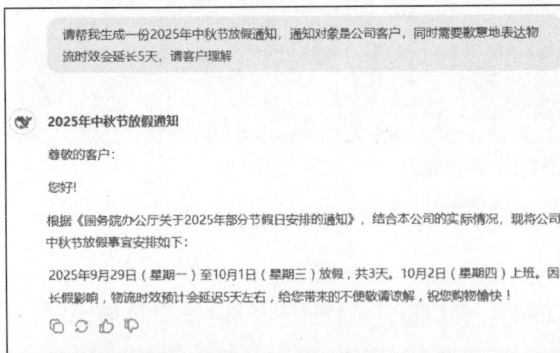

微课 2-1

使用 DeepSeek
生成放假通知

图 2-1 使用 DeepSeek 生成放假通知

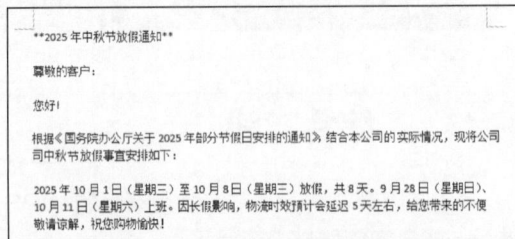

图 2-2 修改放假日期和上班日期

2. 输入文本和日期

下面使用 WPS 文字的即点即输功能在文档中的不同位置输入需要的文本,具体操作如下。

① 选择"**2025 年中秋节放假通知**"标题文本,按【Delete】键将其删除,然后将鼠标指

针移至文档上方的中间位置双击，将文本插入点定位到此处。

② 按【Ctrl+Shift】组合键，将输入法切换至搜狗中文输入法，然后输入"放假通知"文本，如图 2-3 所示。

③ 将鼠标指针移至文档末尾右侧需要输入文本的位置，双击定位文本插入点，然后输入公司名称，如图 2-4 所示。

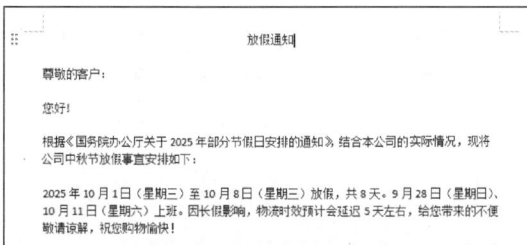

图 2-3　输入标题文本

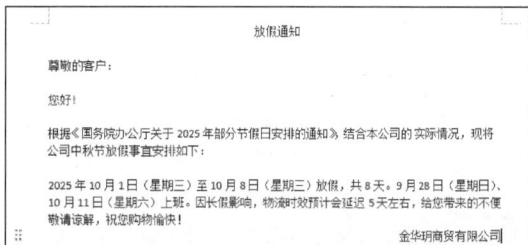

图 2-4　输入公司名称

④ 按【Enter】键换行，在"插入"选项卡中单击"文档部件"按钮回，在打开的下拉列表中选择"日期"选项，如图 2-5 所示。

⑤ 打开"日期和时间"对话框，在"可用格式"列表框中选择"2025 年 9 月 26 日"选项，然后单击　确定　按钮，如图 2-6 所示。

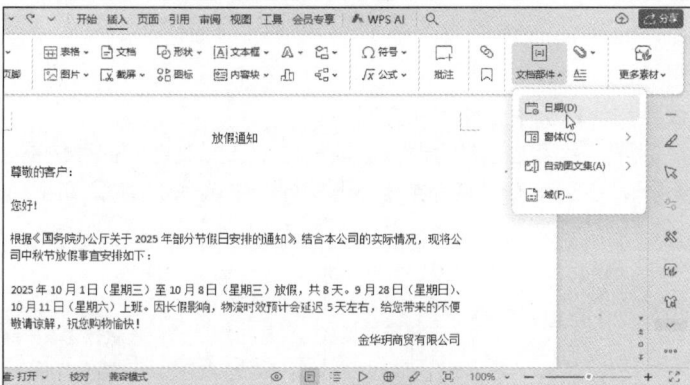

图 2-5　插入日期

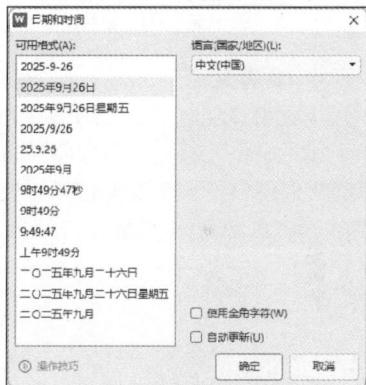

图 2-6　选择日期格式

3. 查找和替换文本

下面使用 WPS 文字的查找与替换功能将文档中的空行替换为无、将"中秋节"文本替换为"中秋节和国庆节"，具体操作如下。

① 将文本插入点定位到标题文本左侧，在"开始"选项卡中单击"查找替换"按钮Q，或按【Ctrl+F】组合键。

② 打开"查找和替换"对话框，将文本插入点定位到"替换"选项卡中的"查找内容"下拉列表中，然后单击 特殊格式(E)▾ 按钮，在打开的下拉列表中选择"段落标记"选项，如图 2-7 所示。

③ 使用相同的方法再次在"查找内容"下拉列表中插入段落标记符号，然后单击 查找下一处(F) 按钮，此时可看到相连的第一个和第二个段落标记呈被选中状态，如图 2-8 所示。

④ 继续单击 查找下一处(F) 按钮，当查找到第二处相连的段落标记时，单击"替换"选项卡，在"替换为"下拉列表中插入段落标记符号，然后单击　替换(R)　按钮，替换该处的空行，如图 2-9 所示。

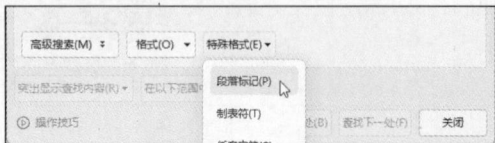

图 2-7　插入段落标记

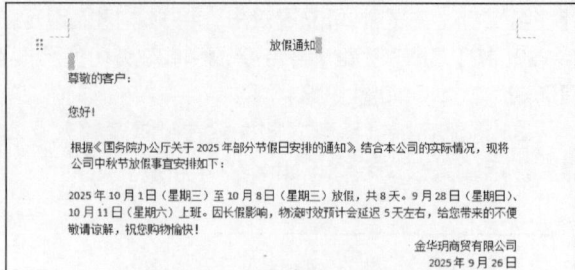

图 2-8　段落标记呈被选中状态

⑤ 使用相同的方法替换其他的空行，然后再将"中秋节"文本替换为"中秋节和国庆节"，效果如图 2-10 所示。

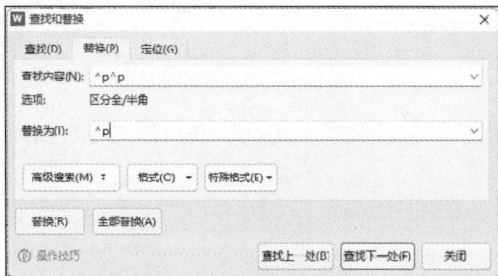

图 2-9　替换空行

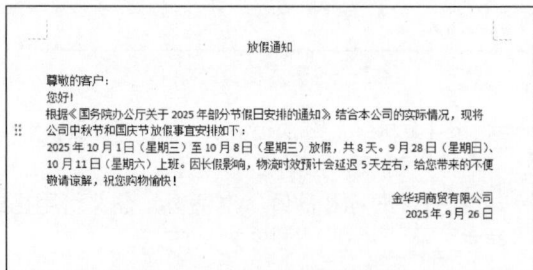

图 2-10　替换文本后的效果

4. 保存文档

下面将文档以"放假通知"为名保存到计算机中，具体操作如下。

① 选择"文件"/"保存"命令，打开"另存为"对话框，在地址栏中选择文档的保存位置，在"文件名称"下拉列表中输入"放假通知"文本，在"文件类型"下拉列表中选择"WPS 文字 文件(*.wps)"选项，如图 2-11 所示。

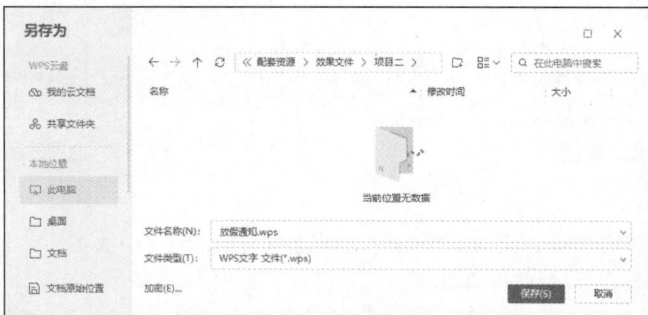

图 2-11　设置文件名称和文件类型

微课 2-4

保存文档

② 设置完成后单击 保存(S) 按钮（配套资源:\效果文件\项目二\放假通知.wps）。

实验二　制作"招聘启事"文档

（一）实验目的

◆ 掌握使用文心一言优化文档内容的方法。

◆ 掌握设置字体格式和段落格式的方法。
◆ 掌握设置项目符号和编号的方法。
◆ 掌握设置边框和底纹的方法。
◆ 掌握保护文档的方法。

（二）实验内容

1. 使用文心一言优化文档内容

下面使用文心一言优化"招聘启事"文档中的内容，具体操作如下。

① 打开"招聘启事.wps"文档（配套资源:\素材文件\项目二\招聘启事.wps），选择"应聘人员要求"下方的 6 段文本，按【Ctrl+C】组合键进行复制。

② 在浏览器中搜索"文心一言"，进入其官方网站后，在聊天框中定位文本插入点，并按【Ctrl+V】组合键粘贴文本，然后按【Shift+Enter】组合键换行，输入优化要求后，按【Enter】键获取结果，如图 2-12 所示。

③ 选择文心一言给出的优化结果，按【Ctrl+C】组合键进行复制，然后选择"应聘人员要求"下方的 6 段文本，在其上单击鼠标右键，在弹出的快捷菜单中单击"只粘贴文本"按钮，如图 2-13 所示。

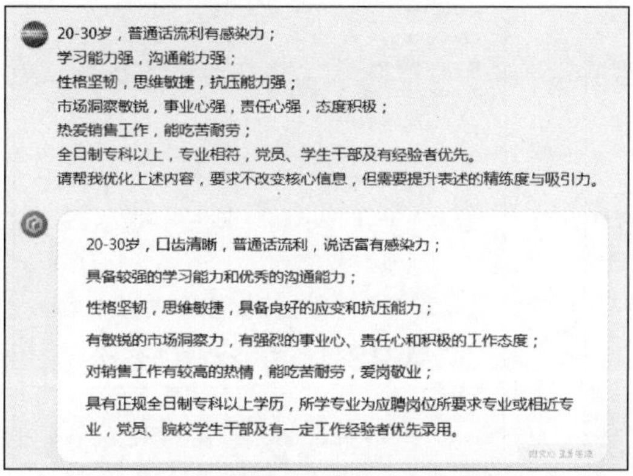

微课 2-5

使用文心一言
优化文档内容

图 2-12　使用文心一言优化招聘要求

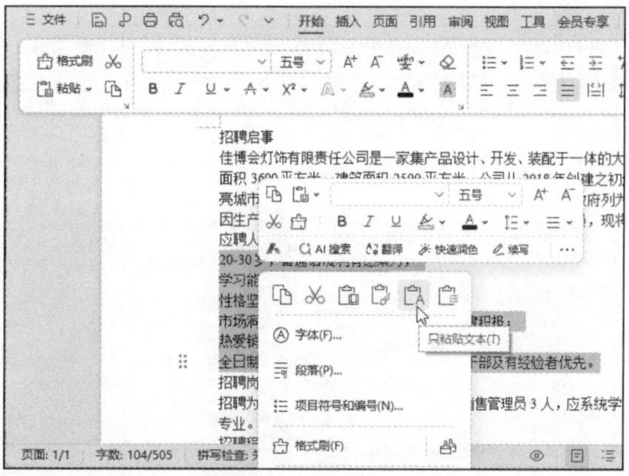

图 2-13　粘贴文本

2. 设置字体格式

下面对文档的字体、字号、字体颜色、下画线、字符间距进行设置，具体操作如下。

① 选择标题文本，在"开始"选项卡中的"字体"下拉列表中选择"方正中雅宋简"选项，在"字号"下拉列表中选择"二号"选项，如图 2-14 所示。

② 选择"应聘人员要求""招聘岗位、数量和专业要求""招聘程序""工资福利待遇"文本，设置其字体为"方正大标宋简体"，字号为"小四"；选择其他未设置字体格式的文本，设置其字体为"方正楷体简体"，字号为"五号"。

③ 选择"性格坚韧，思维敏捷，具备良好的应变和抗压能力；"文本，在"开始"选项卡中单击"字体颜色"按钮A右侧的下拉按钮，在打开的下拉列表中选择"深红"选项，如图 2-15 所示。

④ 选择"有敏锐的市场洞察力，有强烈的事业心、责任心和积极的工作态度；"文本，在"开始"选项卡中单击"下画线"按钮U右侧的下拉按钮，在打开的下拉列表中选择第二个选项，如图 2-16 所示。

⑤ 选择标题文本，在"开始"选项卡中单击"字符底纹"按钮A右下角的对话框启动器按钮，

微课 2-6

设置字体格式

打开"字体"对话框，单击"字符间距"选项卡，在"缩放"下拉列表中输入"120%"，在"间距"下拉列表中选择"加宽"选项，在其后的"值"数值框中输入"3磅"，如图2-17所示，完成后单击 确定 按钮。

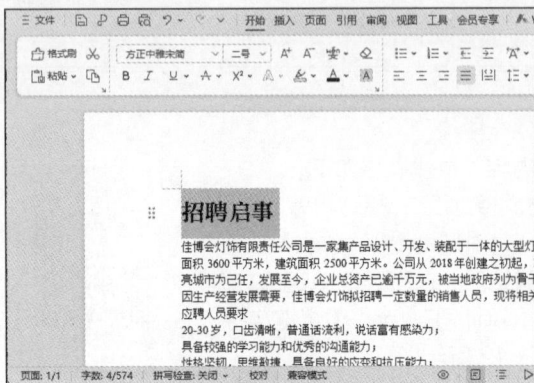

图2-14　设置字体和字号

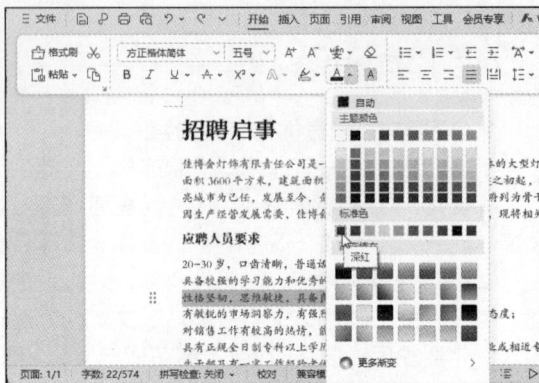

图2-15　设置字体颜色

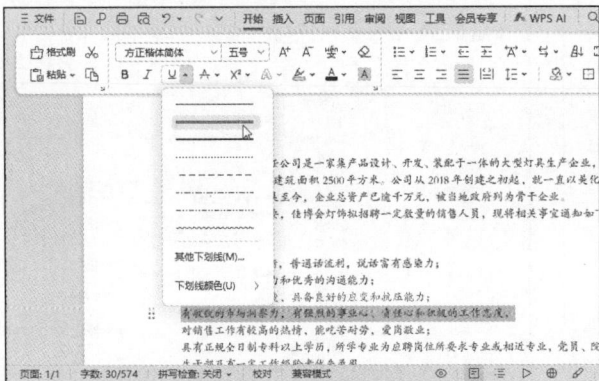

图2-16　设置下画线

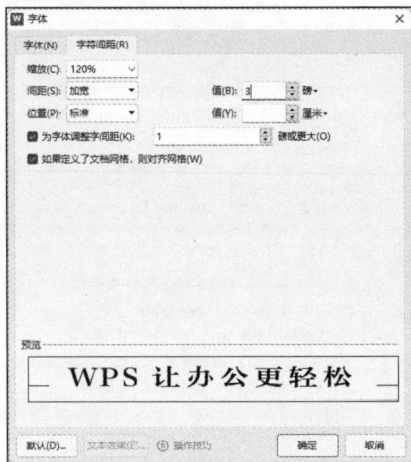

图2-17　设置字符间距

3. 设置段落格式

下面对文档的段落对齐方式、段落缩进、行距和段间距进行设置，具体操作如下。

① 将文本插入点定位至标题文本中，在"开始"选项卡中单击"居中对齐"按钮三或按【Ctrl+E】组合键，将标题文本设置为居中对齐。

② 选择最后3行文本，在"开始"选项卡中单击"右对齐"按钮三或按【Ctrl+R】组合键，将文本设置为靠右对齐。

③ 选择除标题文本和最后3行文本外的其他文本，在"开始"选项卡中单击"边框"按钮右下角的对话框启动器按钮，打开"段落"对话框，在"缩进"栏中的"特殊格式"下拉列表中选择"首行缩进"选项，在"间距"栏中的"行距"下拉列表中选择"1.5倍行距"选项，如图2-18所示，完成后单击 确定 按钮。

④ 选择标题文本，打开"段落"对话框，在"间距"栏中的"段前""段后"数值框中均输入"0.5行"，然后再选择最后3行文本，设置其行距为"1.5倍行距"。

⑤ 返回文档后，可查看设置行距和段间距后的效果，如图2-19所示。

微课 2-7

设置段落格式

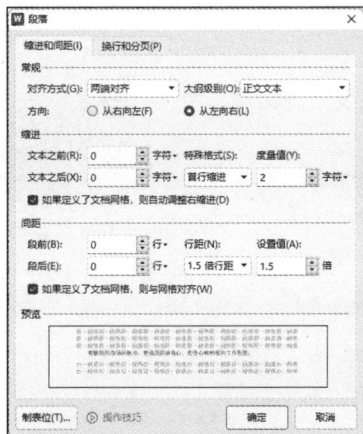

图 2-18 设置段落缩进和行距

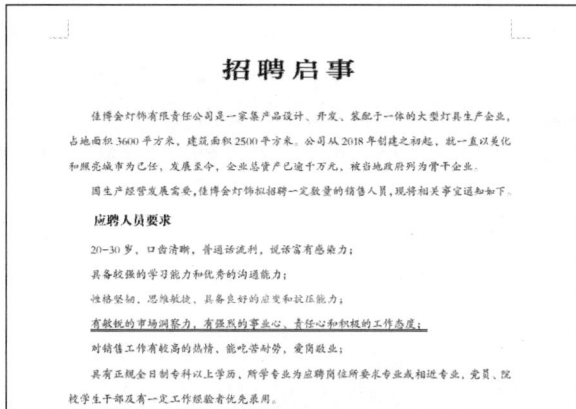

图 2-19 设置行距和段间距后的效果

4. 设置项目符号和编号

下面为文本添加菱形样式的项目符号，并添加阿拉伯数字样式的编号，具体操作如下。

① 选择"应聘人员要求"文本，按住【Ctrl】键的同时选择"招聘岗位、数量和专业要求""招聘程序""工资福利待遇"文本。

② 在"开始"选项卡中单击"项目符号"按钮 右侧的下拉按钮，在打开的下拉列表中选择"带填充效果的钻石菱形形项目符号"选项，如图 2-20 所示。

③ 选择"应聘人员要求"下方的 6 段文本，在"开始"选项卡中单击"编号"按钮 右侧的下拉按钮，在打开的下拉列表中选择"1.2.3."选项，如图 2-21 所示。

微课 2-8

设置项目符号和编号

图 2-20 设置项目符号

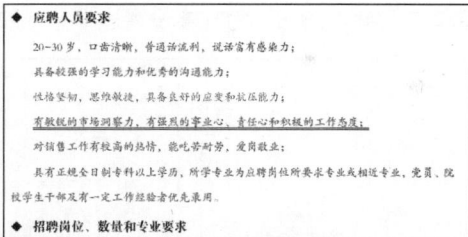

④ 保持文本的选择状态，打开"段落"对话框，在"缩进"栏中设置"文本之前"为"2 字符"，使文档的内容层次更加分明，如图 2-22 所示，然后使用相同的方法为"工资福利待遇"下方的两段文本添加相同样式的编号。

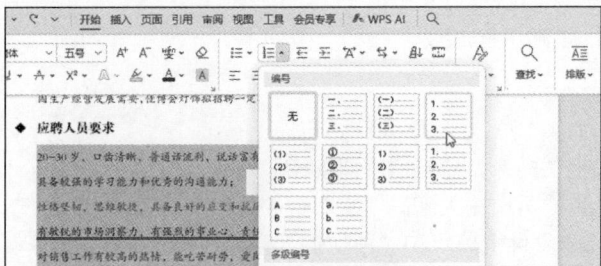

图 2-21 设置编号

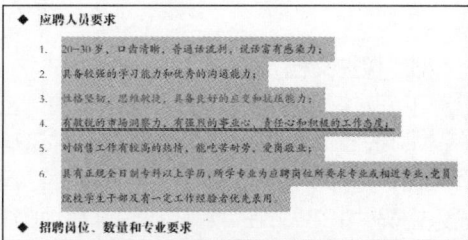

图 2-22 设置编号缩进后的效果

5. 设置边框和底纹

下面为文档中的文本添加边框和底纹效果，具体操作如下。

① 选择最后 3 行文本，在"开始"选项卡中单击"字符底纹"按钮 A，为所选文本添加灰色底纹，如图 2-23 所示。

② 选择正文中的"被当地政府列为骨干企业"文本，在"开始"选项卡中单击"底纹颜色"按钮右侧的下拉按钮，在打开的下拉列表中选择"红色"选项，如图 2-24 所示。

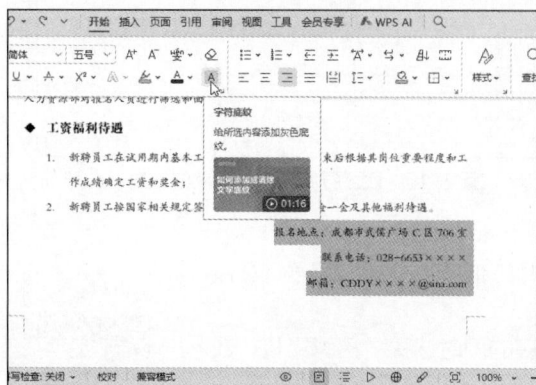

图 2-23　添加字符底纹

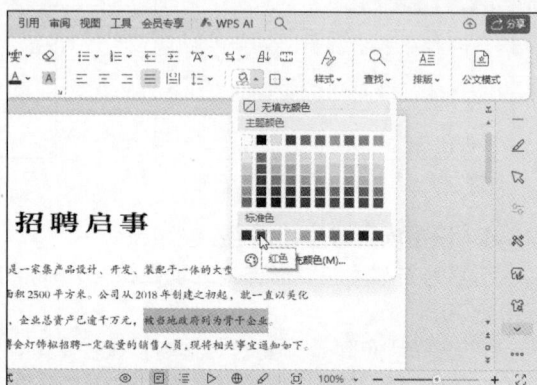

图 2-24　设置底纹颜色

③ 选择"应聘人员要求"下方的 6 段文本，在"开始"选项卡中单击"边框"按钮右侧的下拉按钮，在打开的下拉列表中选择"边框和底纹"选项，打开"边框和底纹"对话框，单击"边框"选项卡，在"设置"栏中选择"方框"选项，在"线型"列表框中选择"＝＝＝＝＝＝＝＝＝＝"选项。

④ 单击"底纹"选项卡，在"填充"下拉列表中选择"白色，背景 1，深色 15%"选项，然后单击 确定 按钮，为文本设置边框与底纹效果，如图 2-25 所示。

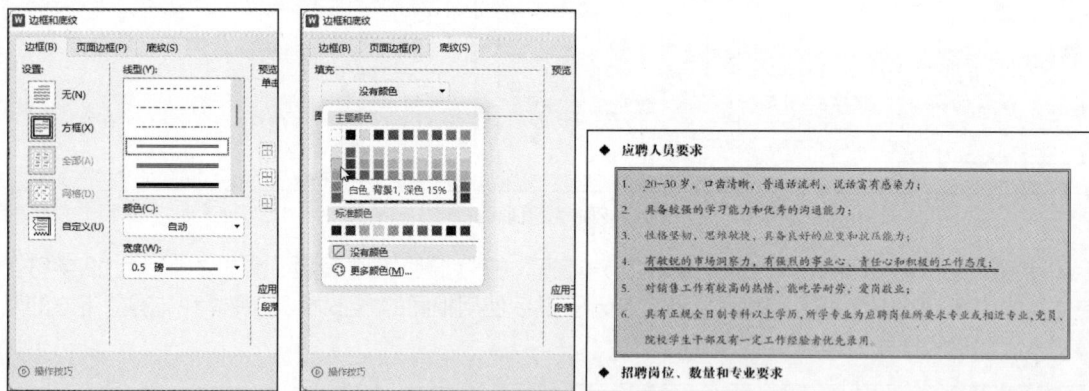

图 2-25　设置边框与底纹

6. 保护文档

下面对编辑好的文档进行加密保护，密码为"123"，具体操作如下。

① 选择"文件"/"文档加密"/"密码加密"命令，打开"密码加密"对话框，在"打开权限"栏中的"打开文件密码"和"再次输入密码"文本框中分别输入密码"123"，在"编辑权限"栏中的"修改文件密码"和"再次输入密码"文本框中分别输入"123"，完成后单击 应用 按钮，如图 2-26 所示。

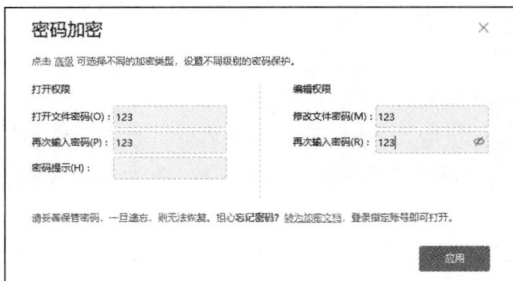

图 2-26 加密保护文档

② 返回文档后，在快速访问工具栏中单击"保存"按钮📇保存设置。关闭该文档，再次打开该文档时，将打开"文档已加密"对话框，在文本框中输入密码，然后单击 ▨▨▨ 按钮，即可打开文档（配套资源:\效果文件\项目二\招聘启事.wps）。

实验三 制作"文化活动方案"文档

（一）实验目的

◆ 熟悉插入与编辑文本框的方法。
◆ 掌握使用通义万相生成个性化图片的方法。
◆ 掌握插入与编辑图片和艺术字的方法。
◆ 掌握插入与编辑流程图的方法。
◆ 了解添加封面的方法。

（二）实验内容

1. 插入并编辑文本框

下面在文档中插入"多行文字"文本框，并输入相应文本，具体操作如下。

① 打开"文化活动方案.wps"文档（配套资源:\素材文件\项目二\文化活动方案.wps），在"插入"选项卡中单击"文本框"按钮Ⓐ右侧的下拉按钮▾，在打开的下拉列表中选择"多行文字"选项，如图 2-27 所示。

② 将鼠标指针移至文档底端，按住鼠标左键不放并拖动至与页面宽度一致的位置后释放鼠标左键，绘制一个文本框，然后在其中输入需要的文本内容，并设置其字体格式为"宋体；小四；钢蓝，着色 1"，如图 2-28 所示。

微课 2-11

插入并编辑
文本框

图 2-27 选择要插入的文本框类型

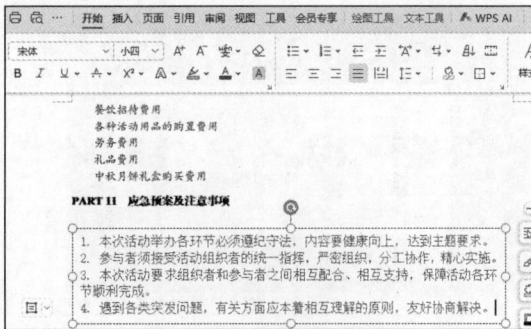

图 2-28 输入并设置文本

2. 使用通义万相生成图片并插入文档

下面使用通义万相生成"中秋佳节"图片，然后将生成的图片插入到文档中，并设置其大小、文字环绕方式和阴影效果，具体操作如下。

① 在浏览器中搜索"通义万相"，进入其官方网站后，单击"文字作画"选项卡，在打开界面右侧的"创作模型"下拉列表中选择"万相2.1 极速"选项，在聊天框中输入画面需求，在"创意模板"栏中选择"厚涂原画"选项，在"比例"栏中选择"16：9"选项，其他保持默认设置后，单击 生成画作 ♀1 按钮，如图 2-29 所示。

② 选择第 2 张图片，将其以"无水印下载"方式下载至计算机中（配套资源:\素材文件\项目二\中秋佳节.png）。

微课 2-12

使用通义万相生成图片并插入文档

图 2-29　输入提示词并生成图片

③ 将文本插入点定位到"弘扬传统文化，庆祝"文本右侧，在"插入"选项卡中单击"图片"按钮，在打开的下拉列表中选择"本地图片"选项。

④ 打开"插入图片"对话框，在地址栏中选择图片的保存路径，在下方选择"中秋佳节"图片，然后单击 打开(O) 按钮。

⑤ 选择图片，在"图片工具"选项卡中单击"裁剪"按钮，当图片四周出现黑色的控制点时，裁剪掉图片多余的白色部分，如图 2-30 所示，然后在空白处单击鼠标，退出裁剪状态。

⑥ 保持图片的选择状态，在"图片工具"选项卡中单击"环绕"按钮，在打开的下拉列表中选择"四周型环绕"选项，如图 2-31 所示，然后拖动图片四周的控制点调整图片大小，并将其置于"弘扬传统文化，庆祝"文本右侧。

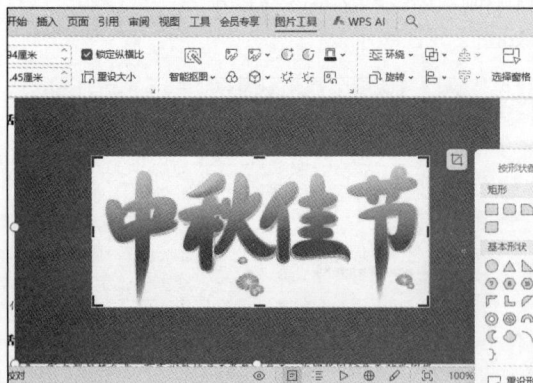

图 2-30　裁剪图片

图 2-31　设置文字环绕方式

3. 插入并编辑艺术字

下面在文档中插入艺术字"企业文化活动方案",具体操作如下。

① 删除"企业文化活动方案"标题文本,然后在"插入"选项卡中单击"艺术字"按钮 A,在打开的下拉列表中选择"填充-矢车菊蓝,着色 5,轮廓-背景1,清晰阴影-着色 5"选项,如图 2-32 所示。

② 此时文档中将自动添加一个带有默认文本样式的艺术字文本框,在其中输入"企业文化活动方案"文本后,将其字体设置为"方正中倩简体"。

③ 选择艺术字文本框,将鼠标指针移至边框,当鼠标指针变成┿形状时,按住鼠标左键不放,拖动艺术字到图 2-33 所示的位置。

图 2-32 选择艺术字样式

图 2-33 调整艺术字的位置

4. 插入并编辑流程图

下面在文档中插入流程图,具体操作如下。

① 将文本插入点定位到"中秋月饼礼盒购买费用"文本右侧,按【Enter】键换行,然后在"插入"选项卡中单击"流程图"按钮,打开"流程图"对话框,在其中选择"新建空白"选项,如图 2-34 所示。

② 此时 WPS 文字将打开流程图创建页面,将鼠标指针移至左侧"基础图形"栏中的"矩形"图形上,按住鼠标左键不放,将其拖动至工作区顶端居中的位置,并在其中输入"活动经费"文本,如图 2-35 所示。

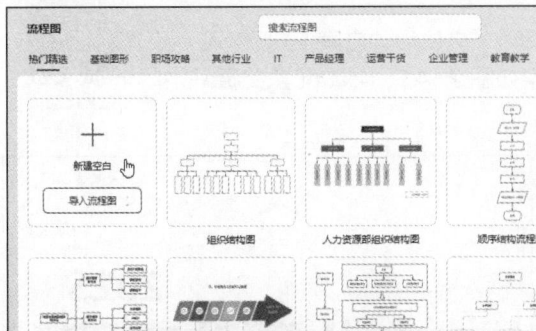

图 2-34 新建空白流程图

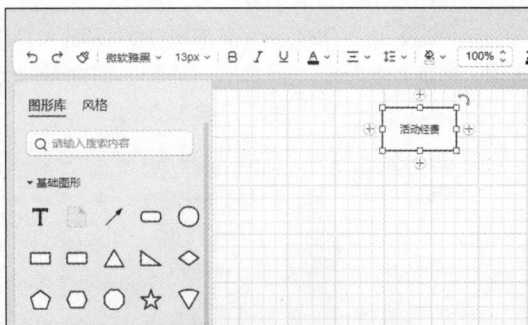

图 2-35 添加"矩形"图形并输入文本

③ 使用相同的方法将"Flowchart 流程图"中的"备注"图形添加到工作区中,调整其旋转角度后,将鼠标指针定位至"备注"图形右侧中间的控制点上,向右拖动控制点以增加其长度,然后移动该图形至"矩形"图形的下方,如图 2-36 所示。

④ 在工作区中添加 6 个"圆角矩形"图形，在其中输入相应文本后调整其排列位置，效果如图 2-37 所示。

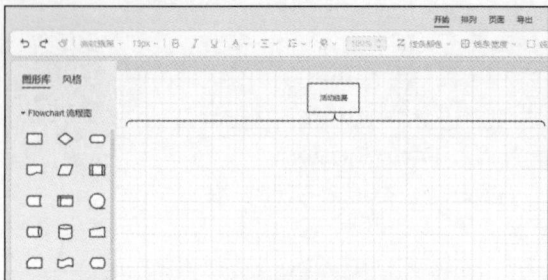

图 2-36　插入并调整"备注"图形

图 2-37　添加剩余图形并输入相应文本

⑤ 选择"备注"图形，在"排列"选项卡中单击"置于底层"按钮，将"备注"图形显示在底层，然后选择"矩形"图形，在"开始"选项卡中单击"填充样式"按钮，在打开的下拉列表中选择图 2-38 所示的选项。

⑥ 使用相同的方法为流程图中的"圆角矩形"图形填充"FFCCFF"颜色，然后在底部单击 插入 按钮，将流程图插入到文档中，如图 2-39 所示。

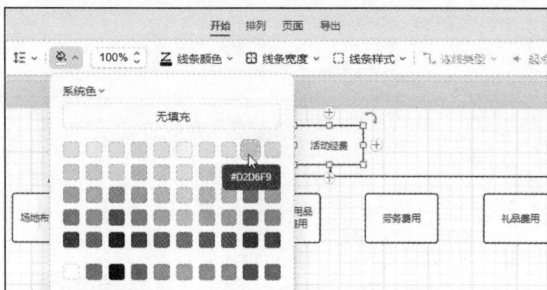

图 2-38　为插入的图形填充颜色

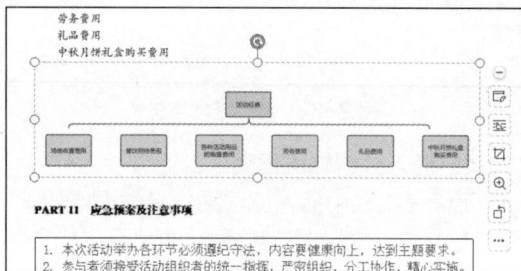

图 2-39　将流程图插入到文档中

5. 添加封面

下面为文档添加封面，具体操作如下。

① 在"插入"选项卡中单击"封面"按钮，在打开的下拉列表中选择图 2-40 所示的封面样式。

② 在页面上方的 3 个文本框中分别输入"2025""文化活动方案""制作人赵明"文本，然后删除多余的文本框，封面最终效果如图 2-41 所示（配套资源:\效果文件\项目二\文化活动方案.wps）。

微课 2-15

添加封面

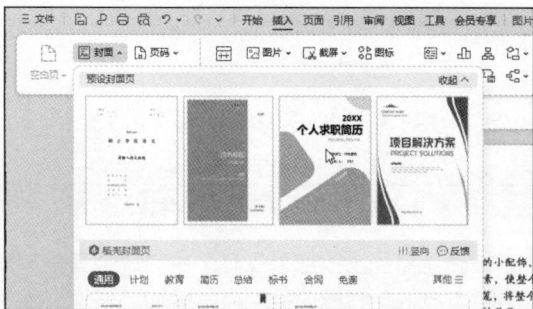

图 2-40　选择封面样式

图 2-41　封面最终效果

实验四 制作"图书入库单"文档

（一）实验目的

◆ 掌握插入表格的方法。

◆ 掌握输入与编辑表格内容的方法。

◆ 掌握使用智谱清言计算表格数据的方法。

◆ 掌握美化表格的方法。

（二）实验内容

1. 插入表格

下面新建一个空白文档，然后在其中插入一个 8 列 12 行的表格，具体操作如下。

① 启动 WPS Office，新建并保存"图书入库单"文档，在文本插入点处输入"图书入库单"文本后，按【Enter】键换行。

② 将标题文本的字体格式设置为"方正兰亭中黑简体、小一"，段落格式设置为"居中对齐、段后 0.5 行"。

③ 将文本插入点定位到空行中，在"插入"选项卡中单击"表格"按钮，在打开的下拉列表中选择"插入表格"选项，如图 2-42 所示。

④ 打开"插入表格"对话框，在"列数"数值框中输入"8"，在"行数"数值框中输入"12"，然后单击 确定 按钮，如图 2-43 所示。

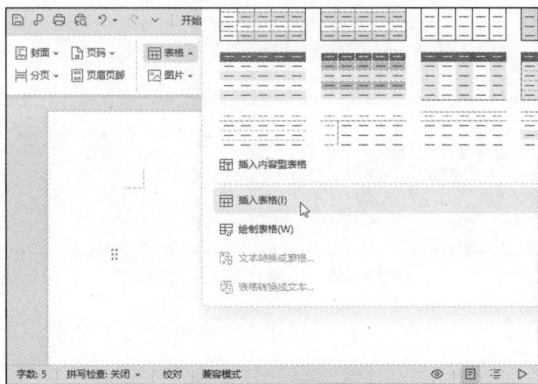

图 2-42 插入表格

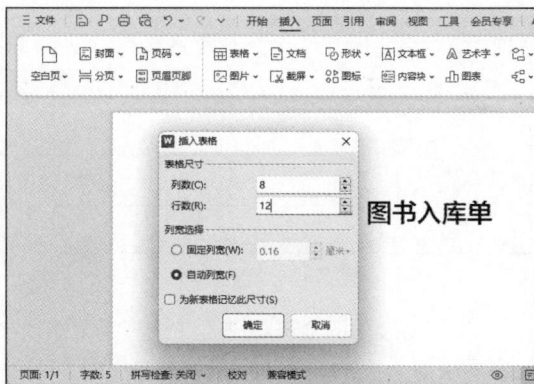

图 2-43 设置表格尺寸

2. 输入与编辑表格内容

下面先在表格中输入内容，然后再调整表格，具体操作如下。

① 在表格中对应的位置处输入相关的文本内容，具体可参考提供的素材文件（配套资源:\素材文件\项目二\图书入库单.wps）。

② 将文本插入点定位到任意一个单元格中，然后在表格末尾单击出现的"增加行"按钮，如图 2-44 所示。

③ 选择新增行中的前 4 个单元格，在"表格工具"选项卡的"合并"组中单击"合并单元格"按钮，如图 2-45 所示。

微课 2-16

插入表格

微课 2-17

输入与编辑表格内容

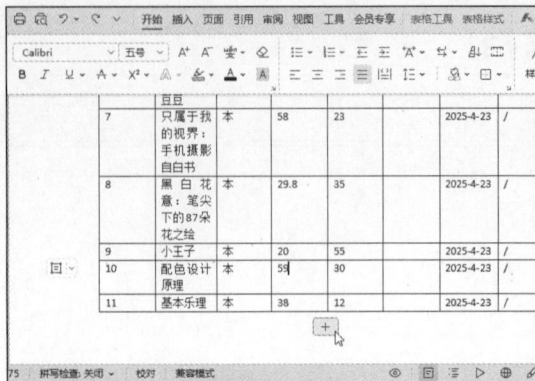

图 2-44　插入行

图 2-45　合并单元格

④ 在合并的单元格中输入"合计"文本，然后在该行的最后两个单元格中输入"/"符号。

⑤ 选择表格中的所有文本，设置其字体为"方正宋一简体"，然后将鼠标指针移到"序号"项目所在列右侧的分隔线上，当鼠标指针变成∙∥∙形状时，按住鼠标向左拖动，适当缩小列宽，如图 2-46 所示。

⑥ 使用相同的方法调整其他列的列宽，然后全选表格，在"表格工具"选项卡中的"表格行高"数值框中输入"1.20 厘米"，再单击该选项卡中的"垂直居中"按钮 ≡ 和"水平居中"按钮 ≡，如图 2-47 所示。

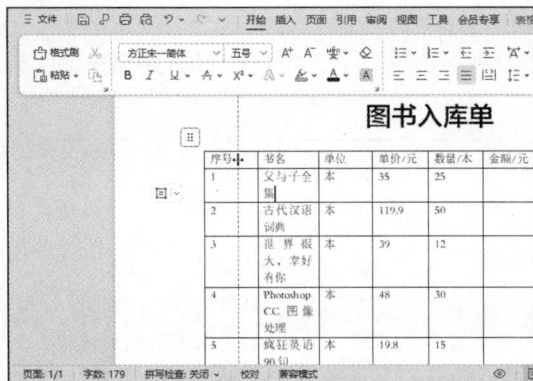

图 2-46　调整列宽

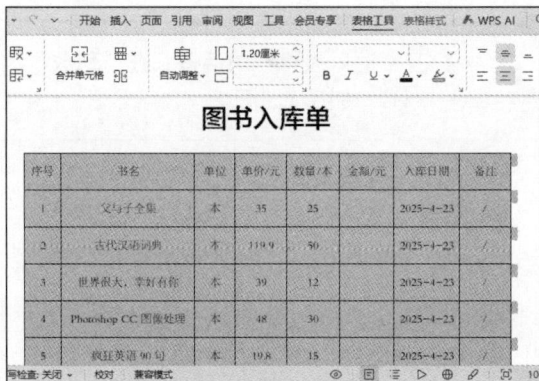

图 2-47　调整行高和对齐方式

⑦ 保持表格的全选状态，在"开始"选项卡中单击"居中对齐"按钮 ≡，使表格位于文档页面的中间位置。

3. 使用智谱清言计算表格中的数据

下面使用智谱清言计算各图书金额，以及图书总数量和图书总金额，具体操作如下。

① 全选表格，按【Ctrl+C】组合键进行复制，然后在浏览器中搜索"智谱清言"，进入其官方网站，然后在下方的聊天框中单击鼠标定位文本插入点，接着按【Ctrl+V】组合键进行粘贴。

② 按【Shift+Enter】组合键换行，输入计算需求后，按【Enter】键获取结果，如图 2-48 所示。

③ 将智谱清言计算出的图书金额、图书总数量、图书总金额等数据输入到表格的相应单元格中，完成图书入库单的基本制作。

微课 2-18

使用智谱清言计算表格中的数据

图 2-48　使用智谱清言计算数据

4. 美化表格

下面对表格的样式进行设置，以美化表格，具体操作如下。

① 将文本插入点定位到任意一个单元格中，在"表格样式"选项卡中的"样式"列表框中单击✿按钮，在打开的下拉列表中选择"主题颜色"栏中的"橙色"选项，在"底纹填充"栏中选中"首行"和"末行"复选框，最后在下方选择"网格表 1"选项，如图 2-49 所示。

② 返回文档后，可查看设置表格样式后的效果，如图 2-50 所示（配套资源:\效果文件\项目二\图书入库单.wps）。

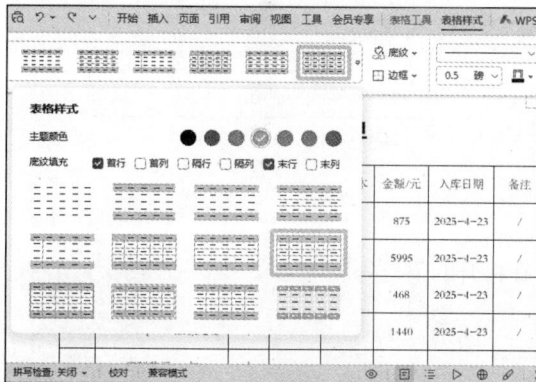

微课 2-19

美化表格

图 2-49　设置表格样式

图 2-50　设置表格样式后的效果

实验五　排版和打印"市场调查报告"文档

（一）实验目的

- 了解使用 WPS AI 解析文档内容的方法。
- 掌握调整页面版式的方法。
- 掌握应用、修改和新建样式的方法。
- 熟悉插入分隔符的方法。
- 掌握设置页眉和页脚的方法。
- 了解添加封面和目录的方法。
- 了解预览并打印文档的方法。

（二）实验内容

1. 使用 WPS AI 解析文档内容

下面使用 WPS AI 解析"市场调查报告"文档内容，具体操作如下。

① 打开"市场调查报告.wps"文档（配套资源:\素材文件\项目二\市场调查报告.wps），在"WPS AI"选项卡中单击"全文总结"按钮，此时将打开"AI全文总结"窗口，并对文档内容进行大致梳理，如图 2-51 所示。

② 在"WPS AI"选项卡中单击"文档问答"按钮，打开"AI 文档问答"任务窗格，在下方的聊天框中输入针对当前文档需要了解的内容，然后按【Enter】键，此时 WPS AI 将根据文档内容进行回答，如图 2-52 所示。

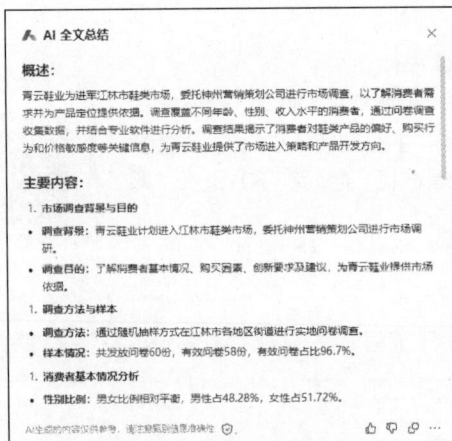

微课 2-20

使用 WPS AI
解析文档内容

图 2-51　AI 全文总结

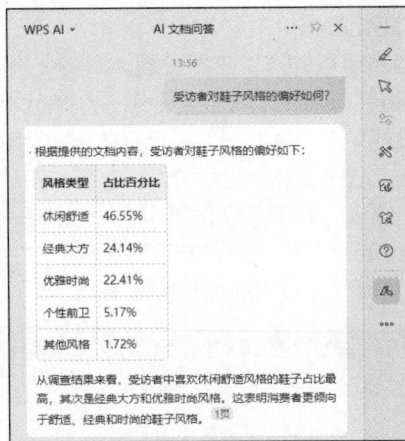

图 2-52　AI 文档问答

2. 调整页面版式

下面调整文档的纸张大小和页边距，具体操作如下。

① 在"页面"选项卡中单击"页边距"按钮，在打开的下拉列表中选择"自定义页边距"选项。

② 打开"页面设置"对话框，在"页边距"选项卡中的"页边距"栏中将"上""下"页边距设置为"2.5 厘米"，将"左""右"页边距设置为"3 厘米"，如图 2-53 所示。

③ 单击"纸张"选项卡，在"纸张大小"下拉列表中选择"自定义大小"选项，然后在"宽度"数值框中输入"23 厘米"，在"高度"数值框中输入"27 厘米"，如图 2-54 所示，完成后单击 确定 按钮。

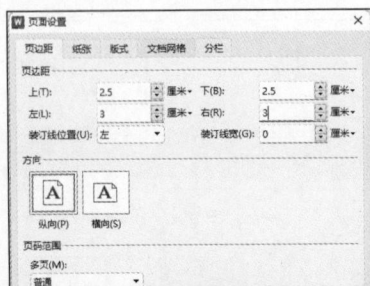

微课 2-21

调整页面版式

图 2-53　设置页边距

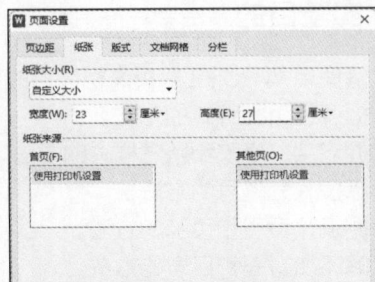

图 2-54　设置纸张大小

3. 应用、修改和新建样式

下面为标题文本应用 WPS 文字内置的"标题 1"样式，并对其进行修改，然后再新建"二级标题"样式，具体操作如下。

① 将文本插入点定位到"前　言"文本中，在"开始"选项卡中的"样式"列表框中选择"标题 1"选项，如图 2-55 所示。

② 在"样式"列表框中的"标题 1"样式上单击鼠标右键，在弹出的快捷菜单中选择"修改样式"命令，打开"修改样式"对话框，在"格式"栏中设置字体为"华文中宋"，字号为"三号"，然后单击"加粗"按钮 B，如图 2-56 所示。

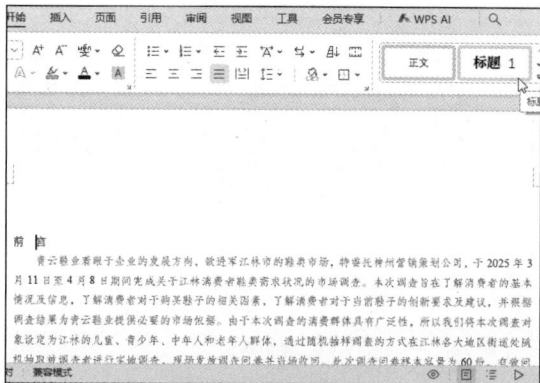

图 2-55　应用内置样式

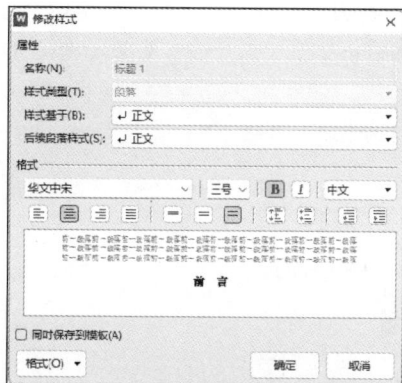

图 2-56　修改样式

③ 单击左下角的 格式(O) ▾ 按钮，在打开的下拉列表中选择"段落"选项，打开"段落"对话框，在其中将段前和段后设置为"0 行"，完成后依次单击 确定 按钮，如图 2-57 所示，返回文档查看修改样式后的标题效果，然后为"一、调查结果的阐述""二、营销建议及对策""结　尾"文本应用相同的样式。

④ 将文本插入点定位到"（一）单一变量分析"文本中，在"开始"选项卡中单击"样式"列表框右侧的 ▾ 按钮，在打开的下拉列表中选择"新建样式"选项。

⑤ 打开"新建样式"对话框，在"名称"文本框中输入"二级标题"文本，在"格式"栏中设置字体为"方正书宋简体"，字号为"四号"，再单击"加粗"按钮 B，如图 2-58 所示。

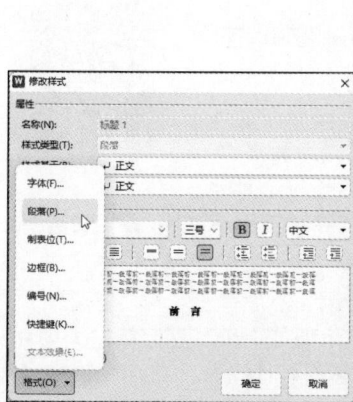

图 2-57　设置段落参数

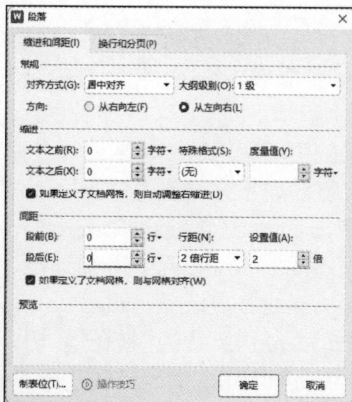

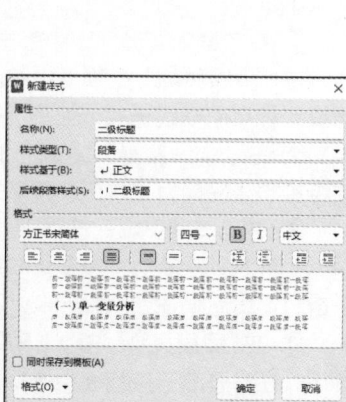

图 2-58　新建样式

⑥ 单击左下角的 格式(O) ▾ 按钮，在打开的下拉列表中选择"段落"选项，打开"段落"对话框，在其中设置对齐方式为"左对齐"，大纲级别为"2 级"，行距为"1.5 倍行距"，完成后依次单击 确定 按钮。

⑦ 保持"（一）单一变量分析"文本的选择状态，在"样式"列表框中为其应用"二级标题"样式，然后为"（二）相关因素分析"文本应用相同的样式。

4. 插入分隔符

下面利用分隔符将"前　言""一、调查结果的阐述""二、营销建议及对策""结　尾"中的文本内容进行分页显示，具体操作如下。

① 将文本插入点定位到"一、调查结果的阐述"文本左侧，在"页面"选项卡中单击"分隔符"按钮，在打开的下拉列表中选择"分页符"选项，如图 2-59 所示。

② 此时，文本插入点所在位置处会插入分页符，且"一、调查结果的阐述"的内容将从下一页开始，如图 2-60 所示。

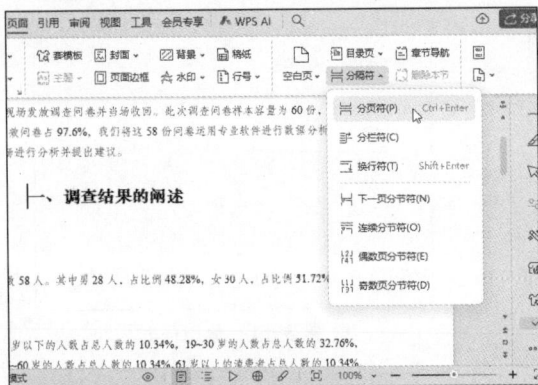

图 2-59　插入分页符

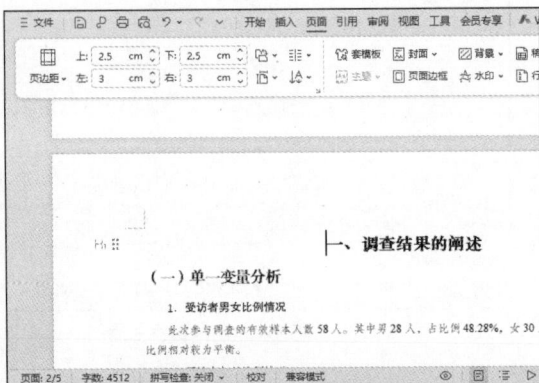

图 2-60　插入分页符后的效果

③ 将文本插入点定位到"二、营销建议及对策"文本左侧，在"页面"选项卡中单击"分隔符"按钮，在打开的下拉列表中选择"下一页分节符"选项。

④ 此时，文本插入点所在位置处将插入分节符，且"二、营销建议及对策"的内容将从下一页开始，然后使用相同的方法使"结　尾"中的文本内容分页显示。

5. 设置页眉和页脚

下面在文档中编辑页眉和页脚，其中页眉添加公司名称，页脚添加页码，具体操作如下。

① 在"插入"选项卡中单击"页眉页脚"按钮，进入页眉页脚编辑状态，然后在"页眉页脚"选项卡中单击"页眉横线"按钮，在打开的下拉列表中选择第 1 种页眉横线样式，如图 2-61 所示。

② 在"前　言"文本所在页的页眉编辑区中输入公司名称"青云鞋业"，并将其字体设置为"方正北魏楷书简体"，字号设置为"五号"，如图 2-62 所示。

③ 在"页眉页脚"选项卡中单击"页眉页脚选项"按钮，打开"页眉/页脚设置"对话框，在"页面不同设置"栏中选中"首页不同""奇偶页不同"复选框，在"显示页眉横线"栏中选中"显示奇数页页眉横线""显示偶数页页眉横线"复选框，如图 2-63 所示，然后单击 确定 按钮。

④ 在"页眉页脚"选项卡中单击"页眉页脚切换"按钮，切换至页脚编辑区，然后单击 插入页码 按钮，在打开的下拉列表中选择图 2-64 所示的页码样式，在"位置"栏中选择"居中"选项，完成后单击 确定 按钮。

⑤ 在"一、调查结果的阐述"文本所在页的页眉编辑区中输入文档名称"市场调查报告"，并将其字体设置为"方正北魏楷书简体"，字号设置为"五号"，完成后在"页眉页脚"选项卡中单击"关闭"按钮，退出页眉页脚编辑状态。

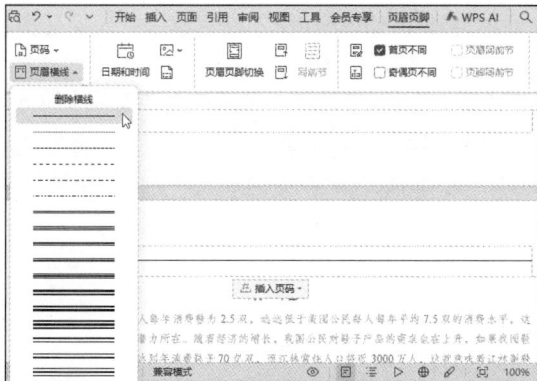

图 2-61　选择页眉横线

图 2-62　输入页眉文本并设置字体格式

图 2-63　设置页眉页脚

图 2-64　设置页脚

6. 添加封面和目录

下面在文档中添加 WPS 文字内置的封面和智能目录，具体操作如下。

① 将文本插入点定位至"前　　言"文本左侧，在"插入"选项卡中单击"封面"按钮，在打开的下拉列表中选择图 2-65 所示的封面样式。

② 选择"项目解决方案"文本，按【Delete】键将其删除，再输入"市场调查报告"文本，然后使用相同的方法将"PROJECT SOLUTIONS"文本替换为"神州营销策划公司"，如图 2-66 所示，最后删除封面中的其他文本。

微课 2-25

添加封面和目录

图 2-65　选择封面

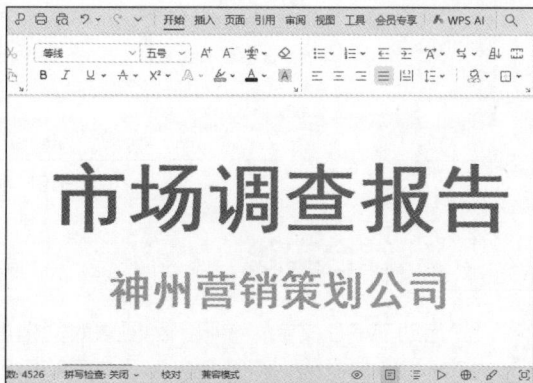

图 2-66　修改封面内容

③ 在"前　言"页的顶端处定位文本插入点，然后按【Ctrl+Enter】组合键进行快速分页，接着在"引用"选项卡中单击"目录"按钮，在打开的下拉列表中选择图 2-67 所示的目录样式。

④ 选择"目录"文本，设置其字体格式为"华文中宋、三号、加粗"，然后选择所有目录文本，打开"段落"对话框，设置其行距为"1.5 倍行距"，效果如图 2-68 所示。

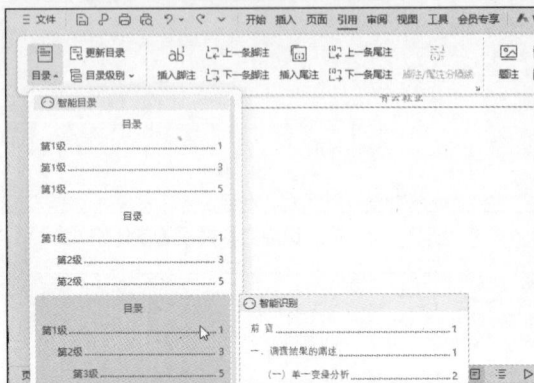

图 2-67　插入智能目录

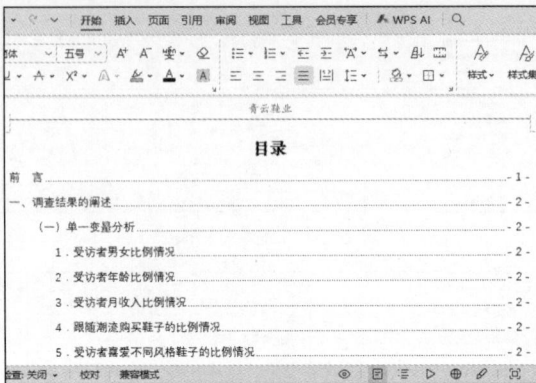

图 2-68　目录修改后的效果

7. 预览并打印文档

下面对排版后的文档进行预览和打印操作，具体操作如下。

① 在快速访问工具栏中单击"打印预览"按钮，打开"打印预览"界面，在其中预览打印效果。

② 确认打印效果无误后，在右侧的"打印设置"栏中连接可以打印的打印机，在"份数"数值框中输入"2"，然后单击 打印 (Enter) 按钮开始打印，如图 2-69 所示（配套资源:\效果文件\项目二\市场调查报告.wps）。

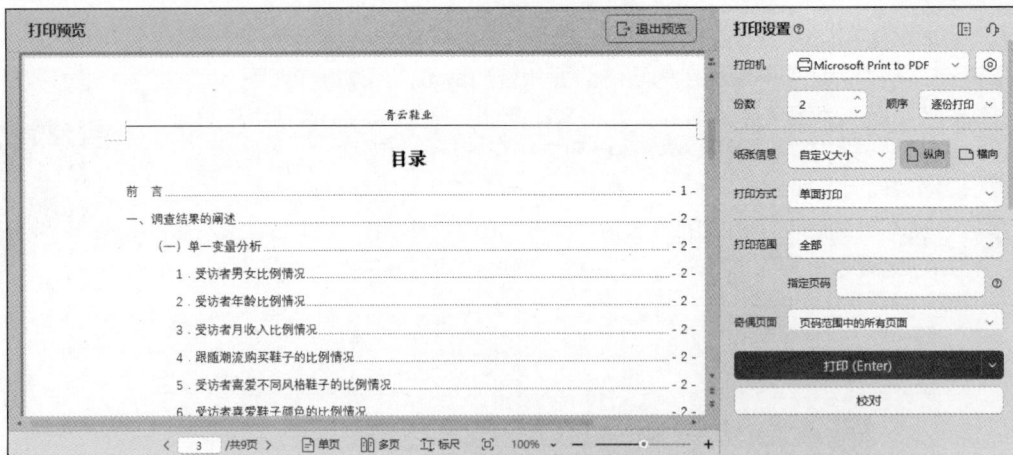

微课 2-26

预览并打印文档

图 2-69　预览并打印文档

综合实践

1. 启动 WPS 文字，按照下列要求对文档进行操作，参考效果如图 2-70 所示。

① 新建空白文档，将其命名为"公司简报"并保存，然后在文档中输入"公司简报.txt"文档中的内容（配套资源:\素材文件\项目二\综合实践\公司简报.txt）。

② 选择标题文本，将其字体格式设置为"方正粗雅宋简体、三号、深红"，底纹颜色设置为"黄色"，字符间距设置为"加宽、0.1 厘米"。

③ 选择除标题文本外的其他文本，打开"段落"对话框，在其中设置特殊格式为"首行缩进、2 字符"，行距为"1.5 倍行距"。

④ 插入"法律.jpg"图片（配套资源:\素材文件\项目二\综合实践\法律.jpg），然后设置其环绕方式为"四周型环绕"。

⑤ 调整图片的位置，使其显示在页面右上角（配套资源:\效果文件\项目二\综合实践\公司简报.wps）。

2. 启动 WPS 文字，按照下列要求对文档进行操作，参考效果如图 2-71 所示。

① 打开"通知.wps"文档（配套资源:\素材文件\项目二\综合实践\通知.wps），将文档中的"电脑"文本替换为"计算机"。

② 设置标题文本的格式为"宋体、二号、红色、居中对齐"，正文文本的字号为"四号"，"考试内容"文本下方 3 段文本的缩进方式为"首行缩进、2 字符"，再设置最后两行文本的对齐方式为"右对齐"。

③ 为相应的文本内容添加"◇"样式的项目符号，然后为"考试内容"文本下方的 3 段文本添加"1.2.3."样式的编号。

④ 选择"2025 年 5 月 7 日（星期三）16：00"文本，设置其字体颜色为"红色"，并为其添加"白色，背景 1，深色 15%"样式的底纹；为"请各位店长和组长务必准时参加！"文本添加红色的双下画线效果（配套资源:\效果文件\项目二\综合实践\通知.wps）。

图 2-70 "公司简报"文档效果

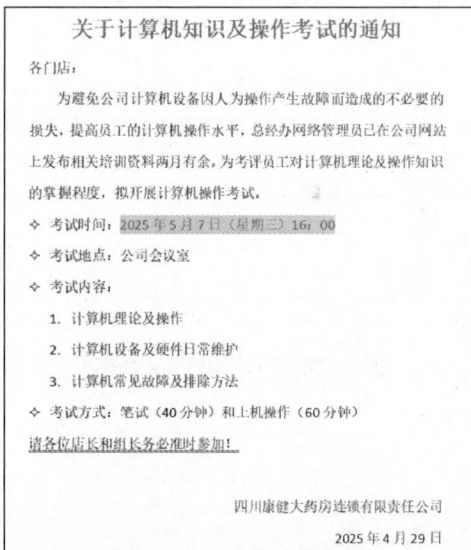

图 2-71 "通知"文档效果

3. 启动 WPS 文字，按照下列要求对文档进行操作，参考效果如图 2-72 所示。

① 在 DeepSeek 中搜索制作表格式个人简历需要的内容，然后新建一个空白文档，将其命名为"个人简历"后，再将其保存到计算机中。

② 输入标题文本"个人简历"，并设置其格式为"方正小标宋简体、三号、居中"，段间距为"段后 1 行"。

③ 在标题文本下方插入一个 6 列 14 行的表格，然后合并第 5 行的第 1~6 列单元格，接着再使用相同的方法分别合并第 10~14 行的第 1~6 列单元格。

④ 合并第 4 行的第 2～6 列单元格，然后再使用相同的方法分别合并第 6～9 行的第 2～6 列单元格。

⑤ 为第 5 行和第 10 行单元格添加“白色，背景 1，深色 5%”的底纹效果，然后将表格的行高调整为“0.80 厘米”。

⑥ 在表格中输入相关文本，并将文本内容居中显示，使其显得更为美观（配套资源:\效果文件\项目二\综合实践\个人简历.wps）。

4．启动 WPS 文字，按照下列要求对文档进行操作，参考效果如图 2-73 所示。

① 打开“采购手册.wps”文档（配套资源:\素材文件\项目二\综合实践\采购手册.wps），使用 AI 文档问答和 AI 全文总结功能了解文档内容。

② 将纸张宽度调整为“22 厘米”，高度调整为“28 厘米”。

③ 在文档中为每一节的节标题和“附录:”文本应用“标题 1”样式。

④ 打开“样式和格式”任务窗格，在“标题 1”样式上单击鼠标右键，在弹出的快捷菜单中选择“修改”选项，在打开的对话框中将“标题 1”的字体格式修改为“方正仿宋简体、三号、加粗”；段落格式设置成段前、段后均为“2 磅”，行距为“2 倍行距”。

⑤ 为文档添加页眉和页脚，其中页眉内容为“峰御集团　采购手册（采购与供应商管理）”。

⑥ 在“附录:”文本前添加一个分页符（配套资源:\效果文件\项目二\综合实践\采购手册.wps）。

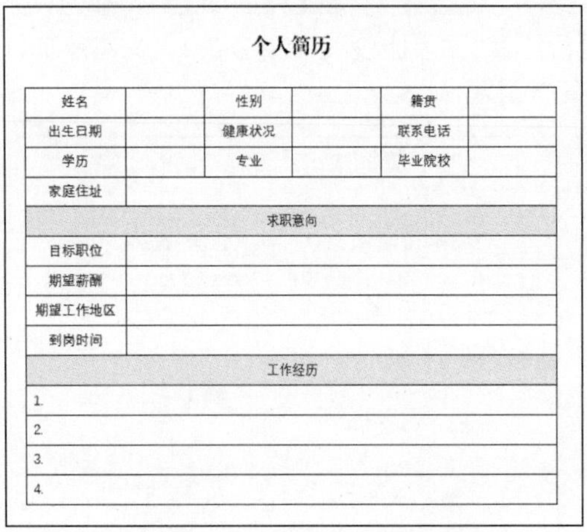
个人简历

姓名		性别		籍贯	
出生日期		健康状况		联系电话	
学历		专业		毕业院校	
家庭住址					
求职意向					
目标职位					
期望薪酬					
期望工作地区					
到岗时间					
工作经历					
1.					
2.					
3.					
4.					

图 2-72 “个人简历”文档效果

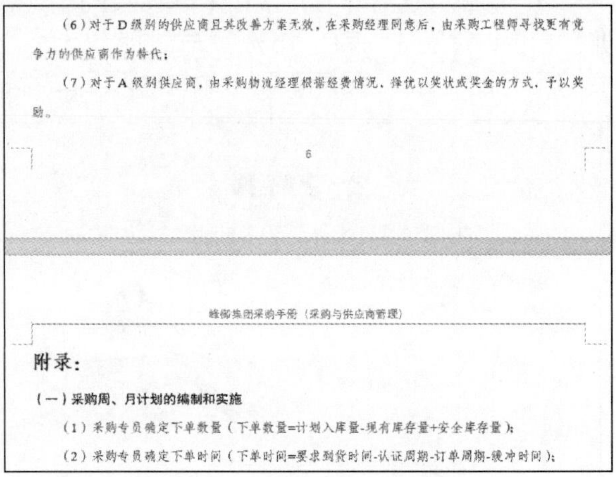
（6）对于 D 级别的供应商且其改善方案无效，在采购经理同意后，由采购工程师寻找更有竞争力的供应商作为替代；

（7）对于 A 级别供应商，由采购物流经理根据经费情况，择优以奖状或奖金的方式，予以奖励。

6

峰御集团采购手册（采购与供应商管理）

附录：

（一）采购周、月计划的编制和实施

（1）采购专员确定下单数量（下单数量=计划入库量-现有库存量+安全库存量）；

（2）采购专员确定下单时间（下单时间=要求到货时间-认证周期-订单周期-缓冲时间）；

图 2-73 “采购手册”文档效果

项目三
高效管理数据
——电子表格制作

03

////// **实验一** 制作"学生成绩表"工作簿

（一）实验目的

- ◆ 掌握新建并保存工作簿的方法。
- ◆ 掌握在工作表中输入数据的方法。
- ◆ 掌握设置数据有效性的方法。
- ◆ 掌握调整单元格行高和列宽的方法。
- ◆ 掌握设置单元格格式的方法。
- ◆ 熟悉使用 WPS AI 设置条件格式的方法。
- ◆ 能够为工作表添加所需的背景。

（二）实验内容

1. 新建并保存工作簿

下面新建并保存一个名为"学生成绩表"的工作簿，具体操作如下。

① 启动 WPS Office，进入 WPS Office 首页，单击"新建"按钮 ➕，在打开的下拉列表中单击"表格"按钮 **S**，在打开的界面中选择"空白表格"选项，如图 3-1 所示，此时系统将自动新建一个名为"工作簿 1"的空白工作簿。

② 选择"文件"/"保存"命令，打开"另存为"对话框，在地址栏中选择文件的保存路径，在"文件名称"下拉列表中输入"学生成绩表"文本，在"文件类型"下拉列表中选择"WPS 表格 文件(*.et)"选项，完成后单击 保存(S) 按钮，如图 3-2 所示。

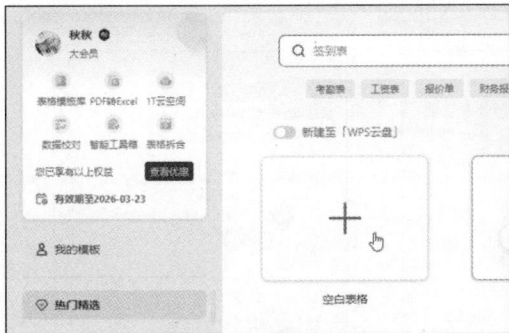

微课 3-1

新建并保存
工作簿

图 3-1　新建空白工作簿

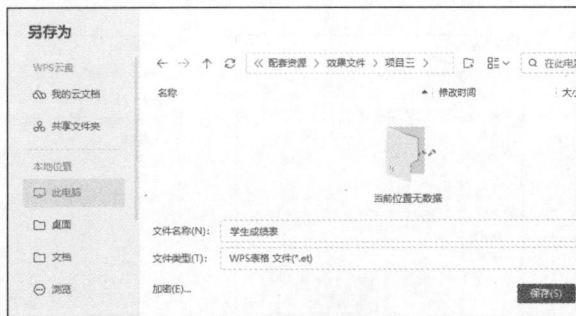

图 3-2　保存工作簿

2. 在工作表中输入数据

下面在工作表中输入数据信息，具体操作如下。

① 选择 A1 单元格，在其中输入"幼师专业学生成绩表"文本，然后按
【Enter】键切换到 A2 单元格，并输入"序号"文本。

② 按【Tab】键或【→】键切换到 B2 单元格，在其中输入"学号"文本，
然后使用相同的方法依次在 C2:I2 单元格区域中输入"姓名""学前心理学""学
前教育学""音乐""舞蹈""美术""教师口语"等文本。

③ 选择 A3 单元格，在其中输入"1"文本，然后将鼠标指针移至该单元格
右下角，当鼠标指针变成➕形状时，按住【Alt】键的同时按住鼠标左键不放并向下拖动至 A20 单元
格，此时 A4:A20 单元格区域中将自动填充序号，如图 3-3 所示。

④ 使用相同的方法在 B3:B20 单元格区域中填充学号，然后在 C3:C20 单元格区域中输入对
应的学生姓名，如图 3-4 所示。

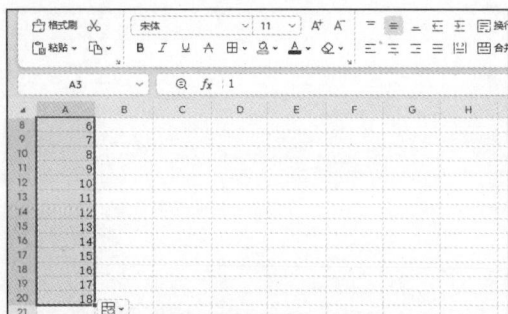

图 3-3 自动填充序号

图 3-4 输入其他数据

3. 设置数据有效性

下面将 D3:H20 单元格区域中的数据有效性设置为只能输入 0~100 的整
数，具体操作如下。

① 选择 D3:H20 单元格区域，在"数据"选项卡中单击"有效性"按钮 ，
打开"数据有效性"对话框，在"允许"下拉列表中选择"整数"选项，在"数
据"下拉列表中选择"介于"选项，在"最小值"和"最大值"文本框中分别输
入"0"和"100"，如图 3-5 所示。

② 单击"输入信息"选项卡，在"标题"文本框中输入"注意"文本，在"输入信息"文本框
中输入"请输入 0-100 的整数"文本，如图 3-6 所示。

③ 单击"出错警告"选项卡，在"标题"文本框中输入"警告"文本，在"错误信息"文本框
中输入"输入的数据不在正确范围内，请重新输入"文本，如图 3-7 所示，完成后单击 确定 按钮。

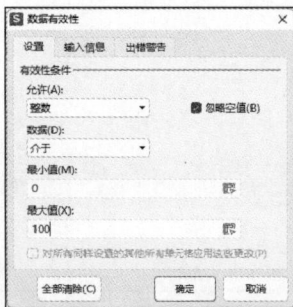

图 3-5 设置允许条件

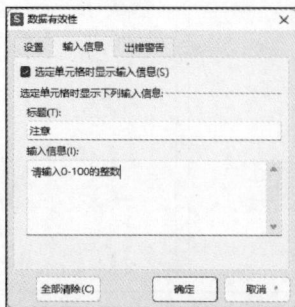

图 3-6 设置输入信息

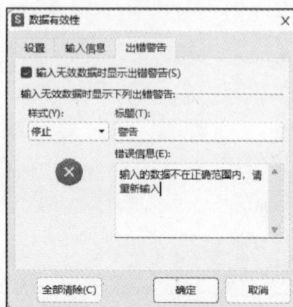

图 3-7 设置出错警告

④ 在 D3:H20 单元格区域中依次输入学生成绩，然后使用相同的方法为 I3:I20 单元格区域设置数据有效性，其中，"允许"为"序列"，"来源"为"优,良,及格,不及格"。

⑤ 选择 I3:I20 单元格区域中的任意单元格，单击该单元格右侧的下拉按钮，在打开的下拉列表中选择需要的选项，如图 3-8 所示。

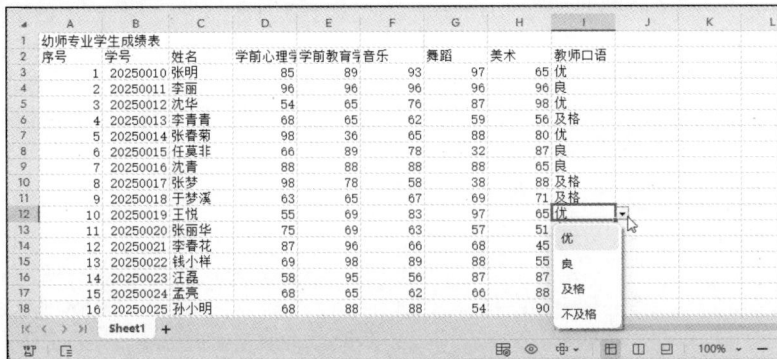

图 3-8　设置"教师口语"成绩级别

4. 调整单元格行高和列宽

下面对工作表中的单元格行高或列宽进行调整，使其中的内容能完整显示，具体操作如下。

① 将鼠标指针移至 B 列列标右侧的分隔线上，当鼠标指针变成➕形状时，向右拖动鼠标以适当增大 B 列的列宽，如图 3-9 所示。

② 使用相同的方法调整其他列的列宽，然后将鼠标指针移至第 1 行行号下方的分隔线上，当鼠标指针变成➕形状时，向下拖动鼠标以适当增大第 1 行的行高。

③ 使用相同的方法调整第 2 行的行高，然后选择第 3～20 行，在"开始"选项卡中单击"行和列"按钮，在打开的下拉列表中选择"行高"选项，打开"行高"对话框，在"行高"数值框中输入"18"，如图 3-10 所示，单击 确定 按钮。

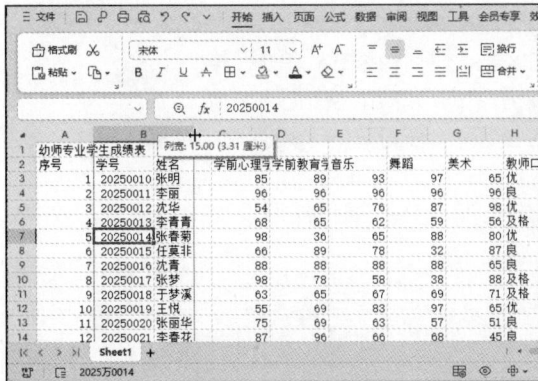

微课 3-4

调整单元格行高和列宽

图 3-9　调整列宽

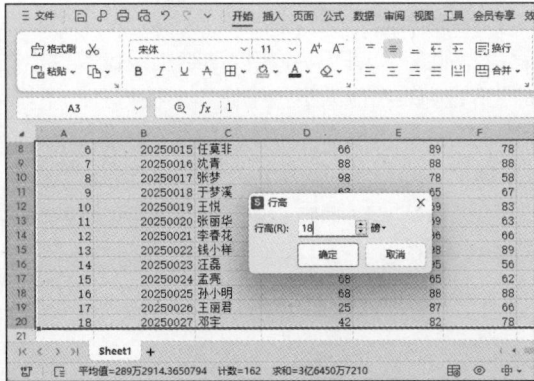

图 3-10　调整行高

5. 设置单元格格式

下面对工作表中的单元格格式进行设置，包括合并单元格、设置对齐方式、设置填充颜色等，具体操作如下。

① 选择 A1:I1 单元格区域，在"开始"选项卡中单击"合并"按钮，或单击该按钮下方的下拉按钮，在打开的下拉列表中选择"合并居中"选项，如图 3-11 所示。

② 返回工作表后，可看到所选单元格区域已被合并为一个单元格，且其中的数据自动居中显示。

③ 保持单元格的选择状态，在"开始"选项卡中的"字体"下拉列表中选择"方正兰亭中黑简体"选项，在"字号"下拉列表中选择"18"选项。

④ 选择 A2:I2 单元格区域，设置其字体为"方正中等线简体"，字号为"14"，然后在"开始"选项卡中单击"水平居中"按钮三。

⑤ 保持单元格区域的选择状态，在"开始"选项卡中单击"填充颜色"按钮右侧的下拉按钮，在打开的下拉列表中选择"浅绿，着色 4，浅色 40%"选项。然后选择 A3:I20 单元格区域，设置其对齐方式为"水平居中"，完成后的效果如图 3-12 所示。

微课 3-5

设置单元格格式

图 3-11　合并单元格

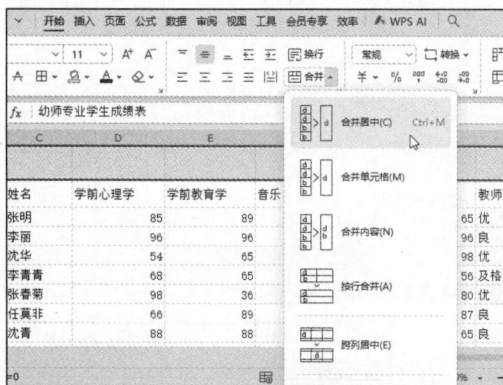

图 3-12　设置单元格格式后的效果

6. 使用 WPS AI 设置条件格式

下面使用 WPS AI 对科目成绩低于 60 分的单元格数据用红色底纹突出显示，具体操作如下。

微课 3-6

使用 WPS AI
设置条件格式

① 在"WPS AI"选项卡中单击"AI 条件格式"按钮，打开"AI 条件格式"对话框，在其中输入"将 D 列数据低于 60 的单元格标记为红色"文本后，按【Enter】键。

② 此时，WPS AI 将自动给出设置条件格式的区域、规则和格式，单击"格式"下拉列表右侧的下拉按钮，在打开的下拉列表中单击"加粗"按钮**B**和"倾斜"按钮*I*，再单击"字体颜色"按钮右侧的下拉按钮，在打开的下拉列表中选择"白色，背景 1"选项，如图 3-13 所示，然后单击完成按钮。

③ 返回工作表后，D 列中科目成绩低于 60 分的单元格数据将根据设置突出显示，效果如图 3-14 所示。

图 3-13　设置 AI 条件格式

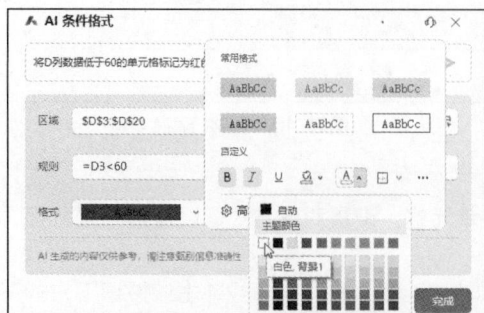

图 3-14　设置条件格式后的效果

④ 使用相同的方法为 E 列、F 列、G 列、H 列中科目成绩低于 60 分的单元格设置相同的条件格式。

7. 为工作表添加背景

下面在工作表中插入图片作为背景，具体操作如下。

① 在"页面"选项卡中单击"背景图片"按钮，打开"工作表背景"对话框，在地址栏中选择图片的保存路径后，在下方选择"背景.jpg"图片（配套资源:\素材文件\项目三\背景.jpg），然后单击 打开(O) 按钮。

② 返回工作表后，即可看到将图片设置为工作表背景后的效果，如图 3-15 所示（配套资源:\效果文件\项目三\学生成绩表.et）。

图 3-15 设置工作表背景后的效果

微课 3-7

为工作表添加背景

实验二 制作"班级考勤表"工作簿

（一）实验目的

- 掌握使用文心一言根据文件创建表格的方法。
- 掌握美化工作表的方法。
- 掌握复制与重命名工作表的方法。
- 掌握设置工作表标签颜色的方法。
- 了解保护并打印表格数据的方法。

（二）实验内容

1. 使用文心一言根据文件创建表格

下面使用文心一言根据文件创建表格，具体操作如下。

① 在浏览器中搜索"文心一言"，进入其官方网站后，单击"上传文档"按钮，打开"打开"对话框，在其中选择"一班考勤表.txt"文档（配套资源:\素材文件\项目三\一班考勤表.txt），然后单击 打开(O) 按钮。

② 上传文档后，在聊天框中输入相关要求，然后按【Enter】键获取结果，如图 3-16 所示。

③ 选择所有表格数据，按【Ctrl+C】组合键进行复制，然后启动 WPS Office，新建并保存"班级考勤表.et"工作簿，选择 A1 单元格，在"开始"选项卡中单击"粘贴"按钮右侧的下拉按钮，在打开的下拉列表中选择"只粘贴文本"选项。

微课 3-8

使用文心一言根据文件创建表格

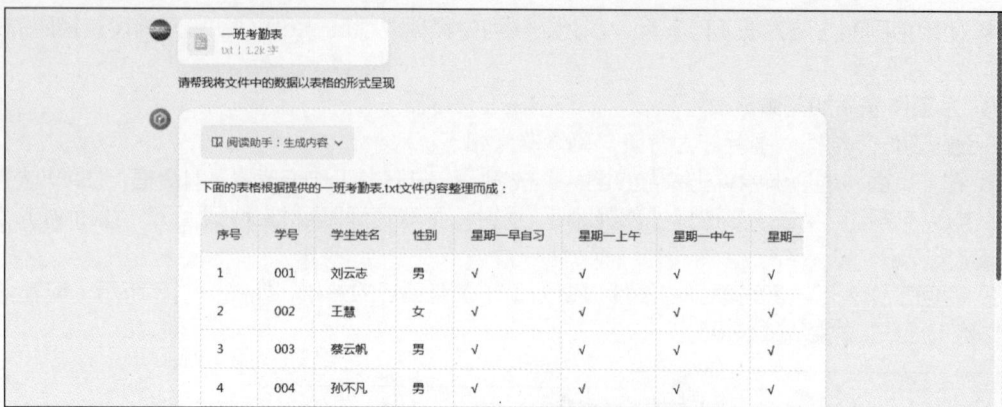

图 3-16　使用文心一言根据文件创建表格

2. 美化工作表

下面对复制后的表格数据进行美化，具体操作如下。

① 选择第 1 行单元格，在其上单击鼠标右键，在弹出的快捷菜单中选择"在上方插入行"选项，并在其右侧的数值框中输入"3"，如图 3-17 所示，完成后单击✔按钮。

② 在 A1 单元格中输入"班级考勤表"文本，在 A2 单元格中输入"出勤：√　　　请假：▲　　　旷课：×"文本，在 E3 单元格中输入"星期一"文本，在 J3 单元格中输入"星期二"文本，在 O3 单元格中输入"星期三"文本，在 T3 单元格中输入"星期四"文本，在 Y3 单元格中输入"星期五"文本，在 AD3 单元格中输入"考勤统计"文本。

③ 分别合并 A1:AF1 单元格区域、A2:AF2 单元格区域、A3:A4 单元格区域、B3:B4 单元格区域、C3:C4 单元格区域、D3:D4 单元格区域、E3:I3 单元格区域、J3:N3 单元格区域、O3:S3 单元格区域、T3:X3 单元格区域、Y3:AC3 单元格区域、AD3:AF3 单元格区域。

④ 选择 E4:I4 单元格区域，按【Ctrl+H】组合键，打开"替换"对话框，在"查找内容"下拉列表中输入"星期一"文本，保持"替换为"下拉列表中的默认状态，如图 3-18 所示，然后单击 全部替换(A) 按钮。

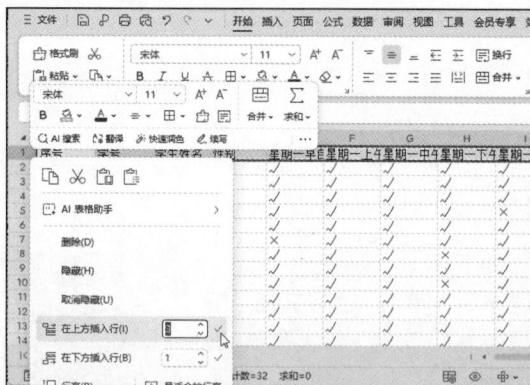

图 3-17　插入行

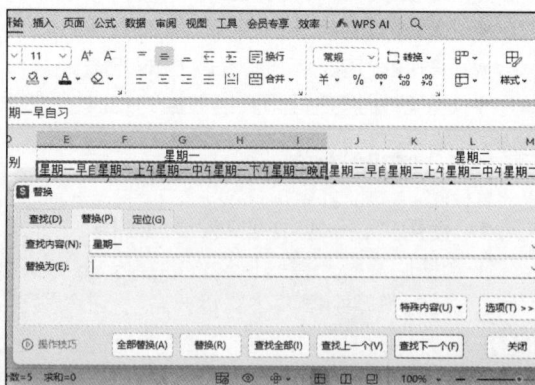

图 3-18　替换数据

⑤ 使用相同的方法替换 J4:N4 单元格区域中的"星期二"文本、O4:S4 单元格区域中的"星期三"文本、T4:X4 单元格区域中的"星期四"文本、Y4:AC4 单元格区域中的"星期五"文本，然后将 A2:AF2 单元格区域中的数据对齐方式设置为"右对齐"。

微课 3-9

美化工作表

⑥ 设置 A1 单元格中文本的格式为"方正兰亭中黑简体、28、加粗"，A2 单元格中文本的格式为"方正中雅宋简体、16、加粗"，A3:AF19 单元格区域中文本的格式为"方正书宋简体、12、居中"，最后适当调整单元格的行高和列宽。

⑦ 为 A3:AF19 单元格区域添加"所有框线"样式的边框，然后将 A3:AF4 单元格区域的填充颜色设置为"浅绿，着色 4，深色 25%"，最后将该单元格区域中文本的字体颜色设置为"白色，背景 1"，效果如图 3-19 所示。

图 3-19　美化工作表

3. 复制与重命名工作表

下面复制两次"Sheet1"工作表，然后再对复制后的工作表进行重命名，具体操作如下。

① 在"Sheet1"工作表标签上单击鼠标右键，在弹出的快捷菜单中选择"创建副本"命令，如图 3-20 所示。

② 在"Sheet1（2）"工作表标签上再次单击鼠标右键，在弹出的快捷菜单中选择"创建副本"命令，然后双击"Sheet1"工作表标签，当被选中的工作表标签呈可编辑状态时，输入"一班"文本，并按【Enter】键或在工作表的任意位置处单击鼠标以退出工作表标签的编辑状态，如图 3-21 所示。

微课 3-10

复制与重命名
工作表

图 3-20　创建副本

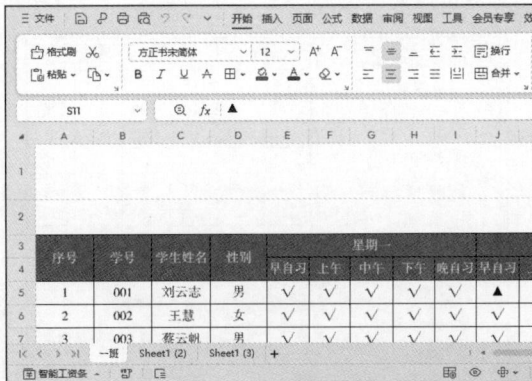

图 3-21　重命名工作表

③ 使用相同的方法将"Sheet1（2）"工作表重命名为"二班"，将"Sheet1（3）"工作表重命名为"三班"。

④ 新建空白 WPS 文字文档，打开"二班考勤表.txt"素材文件（配套资源:\素材文件\项目三\

二班考勤表.txt），将其中的考勤数据复制到文档中，以一班考勤表表格数据的内容为参考，利用
【Tab】键分隔数据，如图 3-22 所示，完成后选择所有数据，按【Ctrl+C】组合键进行复制。

⑤ 切换到"班级考勤表.et"工作簿中的"二班"工作表，选择 A5 单元格，单击鼠标右键，在
弹出的快捷菜单中选择"只粘贴文本"命令，将复制后的二班考勤数据粘贴到"二班"工作表中，
如图 3-23 所示，然后删除多余的第 15~19 行数据。

图 3-22　调整数据

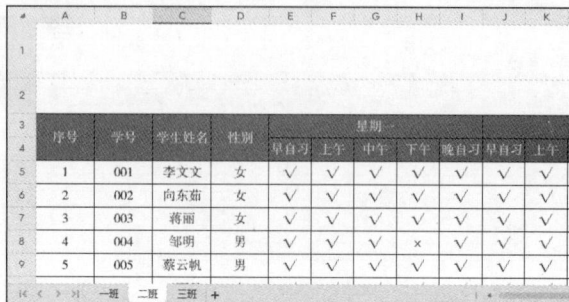

图 3-23　粘贴数据

⑥ 将"二班"工作表中 A3:AF4 单元格区域的填充颜色修改为"矢车菊蓝，着色 5，深色 25%"，
然后使用相同的方法将"三班考勤表.txt"素材文件（配套资源:\素材文件\项目三\三班考勤表.txt）
中的考勤数据粘贴到"三班"工作表中，并将 A3:AF4 单元格区域的填充颜色修改为"橙色，着色
3，深色 25%"。

4. 设置工作表标签颜色

下面设置"一班""二班""三班"工作表标签的颜色，具体操作如下。

① 选择"一班"工作表标签，单击鼠标右键，在弹出的快捷菜单中选择"工
作表标签"命令，在弹出的子列表中选择"标签颜色"/"钢蓝，着色 1"命令，
如图 3-24 所示。

② 返回工作表后，可查看设置的工作表标签颜色，然后使用相同的方法将
"二班"工作表标签的颜色设置为"巧克力黄，着色 2"，将"三班"工作表标签
的颜色设置为"橙色，着色 3"，如图 3-25 所示。

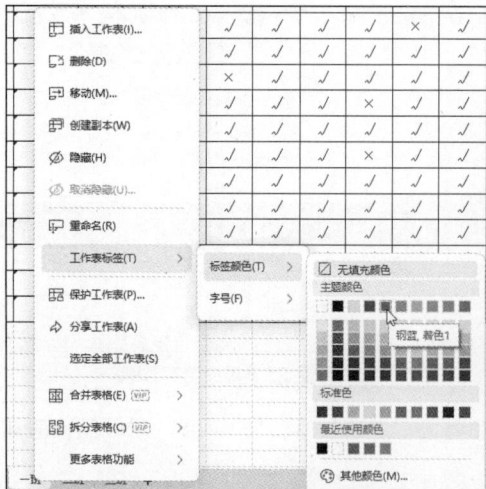

微课 3-11

设置工作表标签
颜色

图 3-24　设置工作表标签颜色

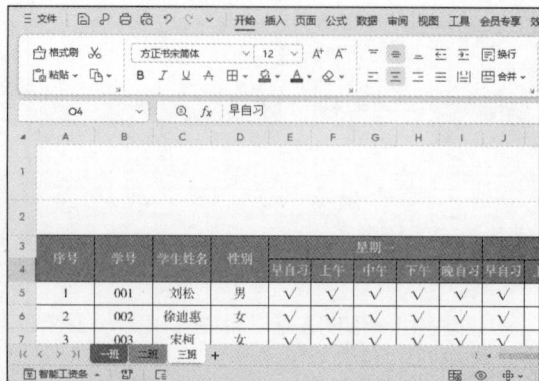

图 3-25　设置其他工作表标签颜色

5. 保护并打印表格数据

下面设置单元格、工作表和工作簿保护，并打印工作表，具体操作如下。

① 切换到"一班"工作表，按【Ctrl+A】组合键全选表格，然后在"审阅"选项卡中单击"锁定单元格"按钮，取消表格的锁定状态，接着选择 A1:AF19 单元格区域，再次单击"锁定单元格"按钮，锁定该单元格区域。

② 在"审阅"选项卡中单击"保护工作表"按钮，打开"保护工作表"对话框，在"密码(可选)"文本框中输入密码，如"123"，在"允许此工作表的所有用户进行"列表框中仅选中"选定未锁定单元格"复选框，完成后单击 确定 按钮。

③ 打开"确认密码"对话框，在"重新输入密码"文本框中输入相同的密码，如图 3-26 所示，单击 确定 按钮，完成对单元格和工作表的保护。

④ 在"审阅"选项卡中单击"保护工作簿"按钮，打开"保护工作簿"对话框，在"密码(可选)"文本框中输入密码，如"123"，单击 确定 按钮，在打开的"确认密码"对话框中输入相同的密码，如图 3-27 所示，完成后单击 确定 按钮。

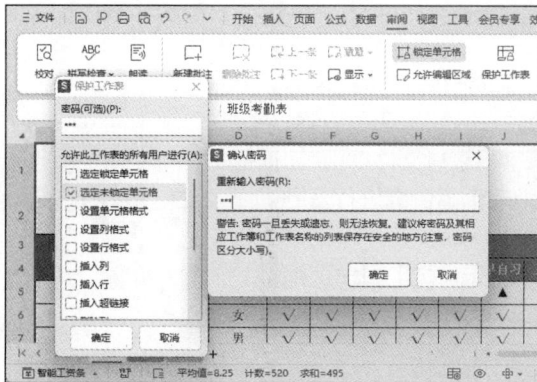

微课 3-12

保护并打印表格数据

图 3-26 保护工作表

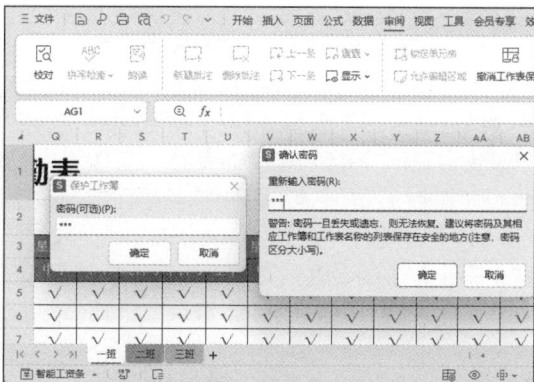

图 3-27 保护工作簿

⑤ 选择"文件"/"打印"/"打印预览"命令，打开"打印预览"界面，在其中单击 横向按钮，然后再单击 页面设置 按钮，打开"页面设置"对话框，单击"页边距"选项卡，在"居中方式"栏中选中"水平"和"垂直"复选框，如图 3-28 所示，完成后单击 确定 按钮。

⑥ 返回"打印预览"界面，在"份数"数值框中输入"5"，在"缩放"下拉列表中选择"将工作表打印在一页"选项，然后单击 打印 (Enter) 按钮开始打印，如图 3-29 所示（配套资源:\效果文件\项目三\班级考勤表.et）。

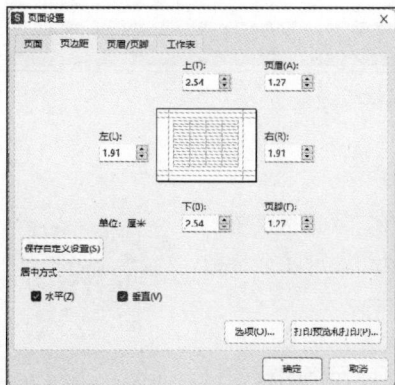

图 3-28 设置页边距

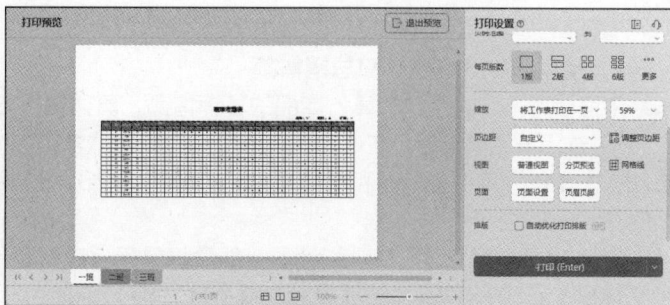

图 3-29 设置打印参数

实验三　计算"商品销售明细表"工作簿中的数据

（一）实验目的

◆　掌握使用 DeepSeek 查询计算公式的方法。

◆　掌握使用 SUM 函数计算数据的方法。

◆　掌握使用 AVERAGE 函数计算数据的方法。

◆　掌握使用 MAX 函数和 MIN 函数计算数据的方法。

◆　掌握使用 RANK 函数计算数据的方法。

◆　掌握使用 IF 函数计算数据的方法。

◆　掌握使用 INDEX 函数查询数据的方法。

（二）实验内容

1. 使用 DeepSeek 查询计算公式

下面使用 DeepSeek 查询计算商品总销售额、平均销售额、最高和最低销售额、销售排名、商品达标情况，以及查询销售额的公式或函数，具体操作如下。

① 打开"商品销售明细表.et"工作簿（配套资源:\素材文件\项目三\商品销售明细表.et），选择 A1:K21 单元格区域，按【Ctrl+C】组合键进行复制。

② 在浏览器中搜索"DeepSeek"，进入其官方网站后，在中间的聊天框中按【Ctrl+V】组合键粘贴复制的数据，然后按【Shift+Enter】组合键换行，输入计算需求后，按【Enter】键获取结果，如图 3-30 所示。

微课 3-13

使用 DeepSeek
查询计算公式

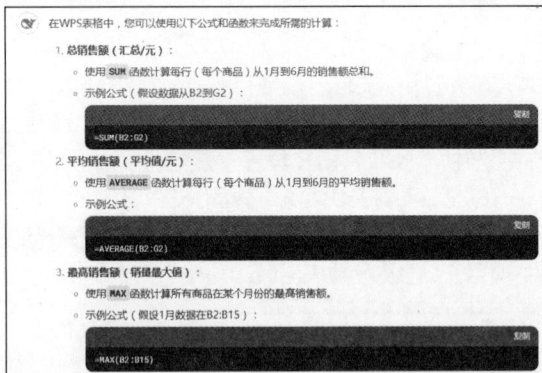

图 3-30　使用 DeepSeek 查询计算公式

2. 使用 SUM 函数计算总销售额

下面使用 SUM 函数计算各商品的总销售额，具体操作如下。

① 选择 H3 单元格，在"公式"选项卡中单击"求和"按钮∑，此时系统将自动在 H3 单元格中插入求和函数 SUM，同时 WPS 表格将自动识别函数参数"B3:G3"，如图 3-31 所示。

② 按【Enter】键完成求和计算，然后将鼠标指针移至 H3 单元格右下角，当鼠标指针变成╋形状时，按住鼠标左键不放并向下拖动至 H16 单元格时释放鼠标左键，此时系统将自动填充各商品的总销售额，如图 3-32 所示。

微课 3-14

使用 SUM 函数
计算总销售额

图 3-31　插入求和函数

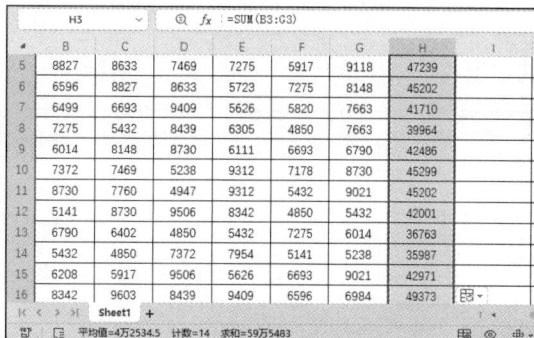

图 3-32　填充各商品的总销售额

3. 使用 AVERAGE 函数计算平均销售额

下面使用 AVERAGE 函数计算各商品的平均销售额，具体操作如下。

① 选择 I3 单元格，在"公式"选项卡中单击"求和"按钮∑右侧的下拉按钮，在打开的下拉列表中选择"平均值"选项，如图 3-33 所示。

② 此时，系统将自动在 I3 单元格中插入平均值函数 AVERAGE，同时 WPS 表格将自动识别函数参数"B3:H3"，H3 单元格中的数据不参与计算，因此需要手动将函数参数更改为"B3:G3"。

③ 按【Enter】键应用函数计算结果，然后将公式向下填充至 I16 单元格，如图 3-34 所示。

微课 3-15

使用 AVERAGE 函数计算平均销售额

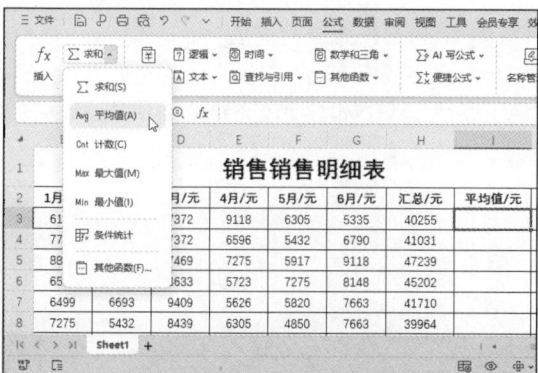

图 3-33　选择"平均值"选项

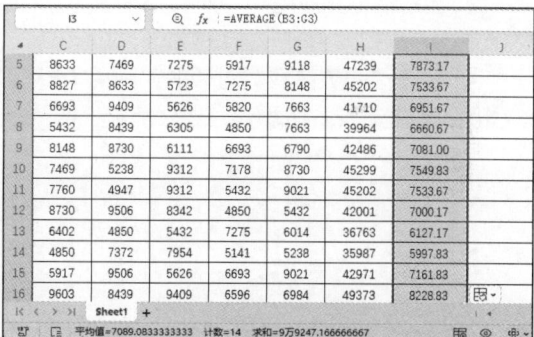

图 3-34　填充各商品的平均销售额

4. 使用 MAX 函数和 MIN 函数计算最高和最低销售额

下面使用 MAX 函数和 MIN 函数显示一组数据中的最大值或最小值，具体操作如下。

① 选择 B17 单元格，在"公式"选项卡中单击"求和"按钮∑右侧的下拉按钮，在打开的下拉列表中选择"最大值"选项。

② 此时，系统将自动在 B17 单元格中插入最大值函数 MAX，同时 WPS 表格将自动识别函数参数"B3:B16"，按【Enter】键完成最大值计算，然后将该公式向右填充至 I17 单元格，如图 3-35 所示。

③ 选择 B18 单元格，在"公式"选项卡中单击"求和"按钮∑右侧的下拉按钮，在打开的下拉列表中选择"最小值"选项。

微课 3-16

使用 MAX 函数和 MIN 函数计算最高和最低销售额

④ 此时，系统将自动在 B18 单元格中插入最小值函数 MIN，同时 WPS 表格将自动识别函数参数"B3:B17"，手动将其更改为"B3:B16"后，按【Enter】键完成最小值计算，然后将该公式向右填充至 I18 单元格，如图 3-36 所示。

图 3-35　计算最高销售额

图 3-36　计算最低销售额

5. 使用 RANK 函数计算销售排名

下面使用 RANK 函数计算总销售额的排名情况，具体操作如下。

① 选择 J3 单元格，在"公式"选项卡中单击"插入"按钮 fx，打开"插入函数"对话框，在"或选择类别"下拉列表中选择"统计"选项，在"选择函数"列表框中选择"RANK"选项，如图 3-37 所示，然后单击 确定 按钮。

② 打开"函数参数"对话框，在"数值"文本框中输入"H3"，然后单击"引用"文本框右侧的"收缩"按钮。

③ 当对话框呈收缩状态时，拖动鼠标选择要计算的 H3:H16 单元格区域，然后单击右侧的"展开"按钮。

④ 打开"函数参数"对话框，利用【F4】键将"引用"文本框中单元格的引用地址转换为绝对引用，如图 3-38 所示，完成后单击 确定 按钮。

微课 3-17

使用 RANK 函数
计算销售排名

图 3-37　选择 RANK 函数

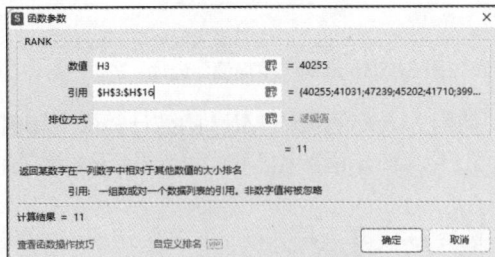

图 3-38　设置函数参数

⑤ 返回工作表后，查看圆领 T 恤的总销售额排名情况，然后将该公式向下填充至 J16 单元格，计算其他商品的销售排名。

6. 使用 IF 函数计算商品达标情况

下面使用 IF 函数来判断每一种商品的达标情况，判断标准为：平均销售额>7500，显示为"达标"，否则显示为"未达标"，具体操作如下。

① 选择 K3 单元格，在"公式"选项卡中单击"插入"按钮 *fx*，打开"插入函数"对话框，在"或选择类别"下拉列表中选择"逻辑"选项，在"选择函数"列表框中选择"IF"选项，然后单击 确定 按钮。

② 打开"函数参数"对话框，在"测试条件"文本框中输入"I3>7500"，在"真值"文本框中输入""达标""，在"假值"文本框中输入""未达标""，如图 3-39 所示，完成后单击 确定 按钮。

③ 返回工作表后，将该公式向下填充至 K16 单元格，计算其他商品的达标情况，如图 3-40 所示。

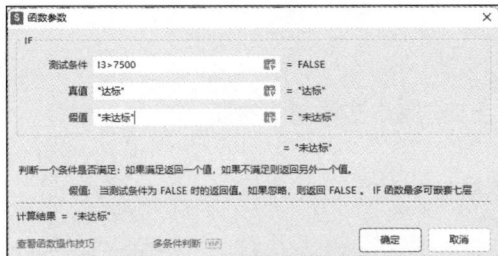

图 3-39 设置函数参数

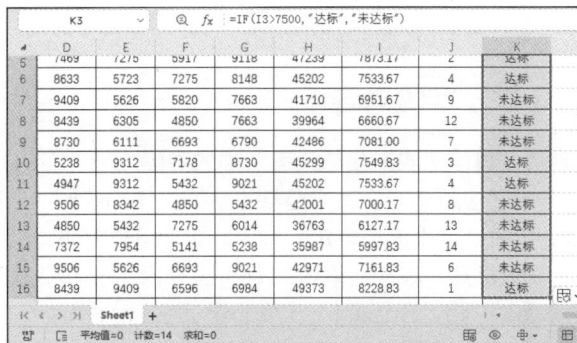

图 3-40 计算其他商品的达标情况

7. 使用 INDEX 函数查询销售额

下面使用 INDEX 函数查询"长袖衬衫"3 月份的销售额，以及"圆领 T 恤"5 月份的销售额，具体操作如下。

① 选择 H20 单元格，在编辑栏中输入公式"=INDEX("，此时编辑栏下方将自动提示 INDEX 函数的参数输入规则，然后拖动鼠标选择 A3:G16 单元格区域，编辑栏中将自动录入"A3:G16"。

② 在编辑栏中输入剩余公式",12,4)"，然后按【Enter】键得到公式的计算结果，如图 3-41 所示。

③ 使用相同的方法在 H21 单元格中输入公式"=INDEX(A3:G16,1,6)"，然后按【Enter】键完成表格数据的计算，如图 3-42 所示（配套资源:\效果文件\项目三\商品销售明细表.et）。

图 3-41 应用 INDEX 函数

图 3-42 查看计算结果

实验四　管理"农产品销售表"工作簿中的数据

（一）实验目的

◆ 掌握排序数据的方法。
◆ 掌握筛选数据的方法。
◆ 掌握分类汇总数据的方法。
◆ 了解使用豆包生成图表选择方案的方法。
◆ 掌握创建并编辑图表的方法。

（二）实验内容

1. 排序"农产品销售表"中的数据

下面使用 WPS 表格提供的数据排序功能对"农产品销售表"工作簿中的数据进行关键字排序和自定义排序，具体操作如下。

① 打开"农产品销售表.et"工作簿（配套资源:\素材文件\项目三\农产品销售表.et），将"Sheet1"工作表重命名为"关键字排序"。

② 选择 A 列中的任意一个单元格，在"数据"选项卡中单击"排序"按钮 下方的下拉按钮 ，在打开的下拉列表中选择"升序"选项，将选择的数据表按照"产品名称"由低到高进行排序。

微课 3-20

排序"农产品销售表"中的数据

③ 选择 A1:G21 单元格区域，在"数据"选项卡中单击"排序"按钮 下方的下拉按钮 ，在打开的下拉列表中选择"自定义排序"选项，打开"排序"对话框，在"主要关键字"下拉列表中选择"类别"选项，在"排序依据"下拉列表中选择"数值"选项，在"次序"下拉列表中选择"降序"选项。

④ 单击 + 添加条件(A) 按钮，在"次要关键字"下拉列表中选择"全年销售额/万元"选项，在"排序依据"下拉列表中选择"数值"选项，在"次序"下拉列表中选择"升序"选项，如图 3-43 所示，完成后单击 确定 按钮。

⑤ 返回工作表后，WPS 表格将对数据表中的数据按照"类别"列进行降序排列，而对于"类别"列中相同的数据，则按照"全年销售额/万元"列进行升序排列，如图 3-44 所示。

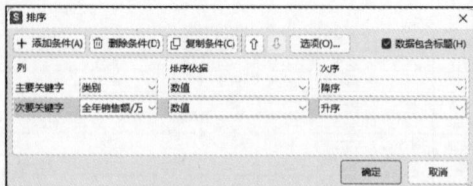

图 3-43　设置排序条件

图 3-44　关键字排序结果

⑥ 复制"关键字排序"工作表，并将其重命名为"自定义排序"，然后切换到该工作表，选择"文件"/"选项"命令，打开"选项"对话框，单击"自定义序列"选项卡，在"输入序列"列表框中输入序列字段"茶叶、药材、水产品、食用菌、瓜果蔬菜"，然后单击 添加(A) 按钮，将自定义的字段添加到左侧的"自定义序列"列表框中，如图 3-45 所示。

⑦ 单击 ▢确定▢ 按钮，返回工作表，选择数据表中的任意一个单元格，在"数据"选项卡中单击"排序"按钮 🔼 下方的下拉按钮▾，在打开的下拉列表中选择"自定义排序"选项，打开"排序"对话框，在"主要关键字"下拉列表中选择"类别"选项，在"排序依据"下拉列表中选择"数值"选项，在"次序"下拉列表中选择"自定义序列"选项，打开"自定义序列"对话框，在"自定义序列"列表框中选择前面创建的序列，完成后单击 ▢确定▢ 按钮。

⑧ 返回"排序"对话框后，"次序"下拉列表中将显示设置的自定义序列，然后单击 ▢确定▢ 按钮，返回工作表后，数据表中的数据将按照自定义的序列进行排序，如图 3-46 所示。

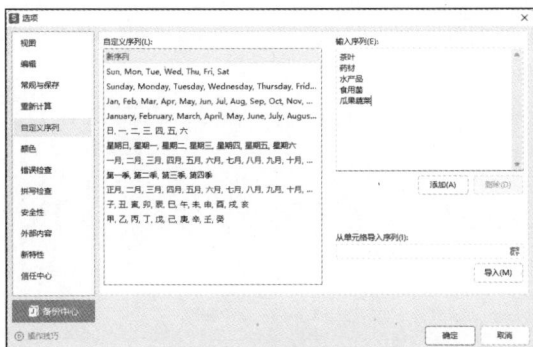

图 3-45　自定义排序字段

图 3-46　自定义排序结果

2. 筛选"农产品销售表"中的数据

下面使用 WPS 表格提供的数据筛选功能对"农产品销售表"工作簿中的数据进行自动筛选、自定义筛选和高级筛选，具体操作如下。

① 复制"自定义排序"工作表，并将其重命名为"自动筛选"，然后切换到该工作表，选择数据表中的任意一个单元格，在"数据"选项卡中单击"筛选"按钮 ▽，进入筛选状态，此时列标题单元格右侧将显示"筛选"按钮 ▾。

② 在 B1 单元格右下角单击"筛选"按钮 ▾，在打开的下拉列表中仅选中"瓜果蔬菜"复选框，如图 3-47 所示，然后单击 ▢确定▢ 按钮。

③ 返回工作表后，数据表中将只显示商品类别为"瓜果蔬菜"的产品数据，其他数据全部被隐藏，如图 3-48 所示。

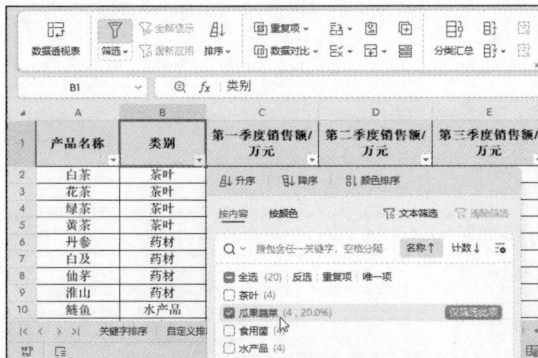

微课 3-21

筛选"农产品
销售表"中的
数据

图 3-47　设置筛选条件

图 3-48　自动筛选结果

④ 复制"自动筛选"工作表，并将其重命名为"自定义筛选"，然后切换到该工作表，在 B1 单元格右下角单击"筛选"按钮 ▾，在打开的下拉列表中单击"清除筛选"按钮 ▽，取消对产品类别的筛选操作。

⑤ 在 G1 单元格右下角单击"筛选"按钮，在打开的下拉列表中单击"数字筛选"按钮，在打开的子列表中选择"大于"选项，打开"自定义自动筛选方式"对话框，在"全年销售额/万元"栏中"大于"下拉列表右侧的下拉列表中输入"240"，如图 3-49 所示，然后单击 确定按钮。

⑥ 返回工作表后，数据表中将只显示全年销售额大于 240 万元的产品数据，其他数据全部被隐藏，如图 3-50 所示。

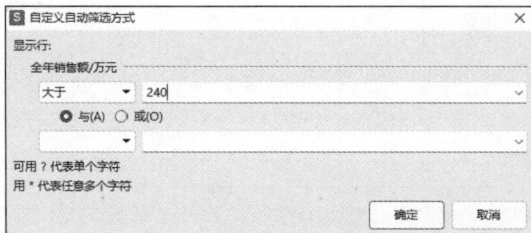

图 3-49　设置自定义自动筛选方式

图 3-50　自定义筛选结果

⑦ 复制"自定义筛选"工作表，并将其重命名为"高级筛选"，然后切换到该工作表，在"数据"选项卡中单击"筛选"按钮，退出筛选状态。

⑧ 在"高级筛选"工作表中的 A24 单元格中输入"第一季度销售额/万元"文本，在 A25 单元格中输入">50"文本，在 B24 单元格中输入"全年销售额/万元"文本，在 B25 单元格中输入">200"文本，然后在"数据"选项卡中单击"筛选"按钮下方的下拉按钮，在打开的下拉列表中选择"高级筛选"选项。

⑨ 打开"高级筛选"对话框，在"方式"栏中选中"将筛选结果复制到其他位置"单选项，然后设置列表区域为"高级筛选!$A$1:$G$21"，条件区域为"高级筛选!$A$24:$B$25"，复制到"高级筛选!$A$27"，如图 3-51 所示，最后单击 确定按钮。

⑩ 返回工作表后，A27:G32 单元格区域中将显示筛选结果，如图 3-52 所示。

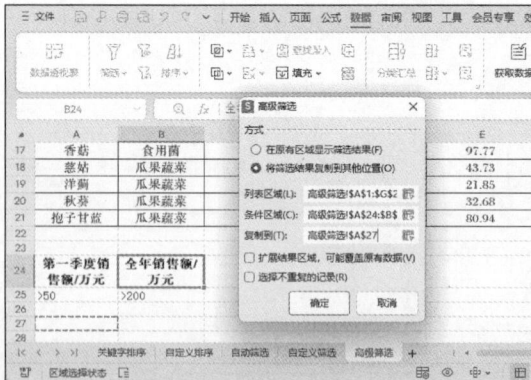

图 3-51　设置高级筛选条件

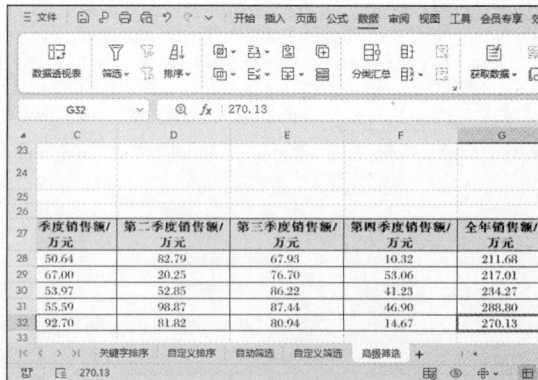

图 3-52　高级筛选结果

3. 分类汇总"农产品销售表"中的数据

下面使用 WPS 表格提供的分类汇总功能对"农产品销售表"工作簿中的"类别"数据进行统计，具体操作如下。

① 复制"高级筛选"工作表，并将其重命名为"分类汇总"，然后切换到该工作表，删除高级筛选的条件和结果。

② 选择"类别"列中的任意一个单元格，在"数据"选项卡中单击"排序"按钮🔽下方的下拉按钮🔻，在打开的下拉列表中选择"升序"选项，对数据进行升序排列。

③ 在"数据"选项卡中单击"分类汇总"按钮🔢，打开"分类汇总"对话框，在"分类字段"下拉列表中选择"类别"选项，在"汇总方式"下拉列表中选择"求和"选项，在"选定汇总项"列表框中选中"第一季度销售额/万元""第二季度销售额/万元""第三季度销售额/万元""第四季度销售额/万元""全年销售额/万元"复选框，然后单击 确定 按钮，完成数据的分类汇总，如图 3-53 所示。

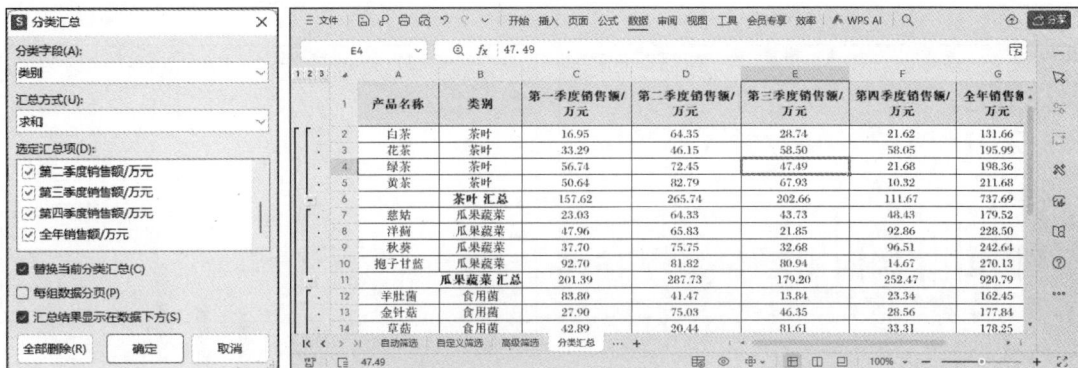

微课 3-22

分类汇总
"农产品销售表"
中的数据

图 3-53　分类汇总结果

④ 在分类汇总数据表格的左上角单击 2 按钮，可隐藏汇总的部分数据；单击 1 按钮，可隐藏汇总的全部数据，只显示总计的汇总数据。

4. 使用豆包生成图表选择方案

下面使用豆包生成图表选择方案，具体操作如下。

① 复制"分类汇总"工作表，并将其重命名为"图表分析"，然后删除分类汇总结果，接着选择 A1:G21 单元格区域，按【Ctrl+C】组合键进行复制。

② 在浏览器中搜索"豆包"，进入其官方网站后，在下方的聊天框中按【Ctrl+V】组合键粘贴复制的数据，接着输入图表需求，并按【Enter】键获取结果，如图 3-54 所示。

③ 仔细阅读豆包给出的图表方案，并选择其中一个进行数据分析。

微课 3-23

使用豆包生成
图表选择方案

图 3-54　使用豆包生成图表选择方案

5．创建并编辑图表

下面创建"簇状柱形图"图表，并对其进行美化设置，具体操作如下。

① 选择 A1:A21 单元格区域和 G1:G21 单元格区域，在"插入"选项卡中单击"插入柱形图"按钮 ▥ ，在打开的下拉列表中选择"簇状柱形图"选项，如图 3-55 所示。

② 将图表移至数据源下方的空白位置处，并调整图表大小，然后选择图表标题，将其修改为"农产品销售数据分析图表"，并设置其字体格式为"方正粗圆简体、18"。

③ 选择图表，删除图表中的图例元素，然后在"图表工具"选项卡中单击"添加元素"按钮 ，在打开的下拉列表中选择"数据标签"选项，在打开的子列表中选择"数据标签外"选项，如图 3-56 所示。

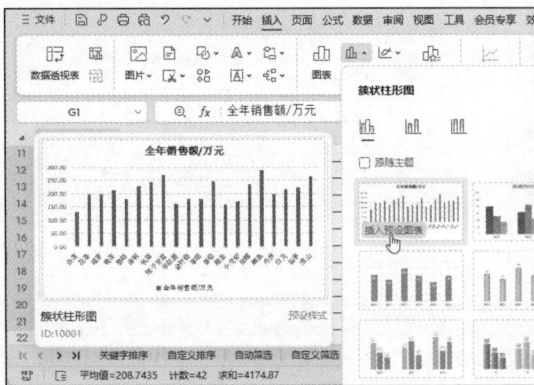

微课 3-24

创建并编辑图表

图 3-55　插入图表

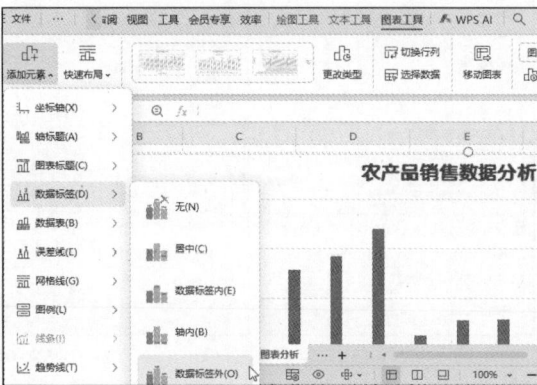

图 3-56　添加数据标签

④ 使用相同的方法为图表添加主要横坐标轴标题和主要纵坐标轴标题，然后修改横坐标轴标题为"产品名称"，修改纵坐标轴标题为"全年销售额/万元"，最后设置坐标轴标题的字号为"12"，并加粗显示。

⑤ 选择主要纵坐标轴标题，在其上单击鼠标右键，在弹出的快捷菜单中选择"设置坐标轴标题格式"命令，打开"属性"任务窗格，单击"文本选项"选项卡，在"文字方向"下拉列表中选择"堆积"选项，如图 3-57 所示。

⑥ 在图表上单击鼠标右键，在弹出的快捷菜单中单击"填充"按钮 下方的下拉按钮 ，在打开的下拉列表中选择"白色，背景 1，深色 5%"选项，如图 3-58 所示。

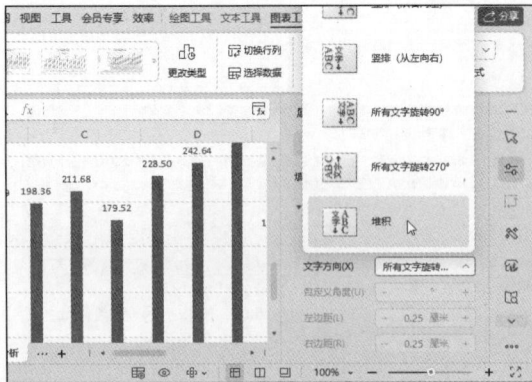

图 3-57　设置坐标轴文字方向

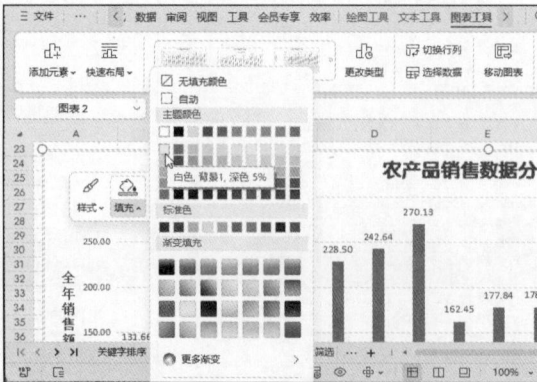

图 3-58　设置图表背景颜色

⑦ 选择任意一个数据系列，在"绘图工具"选项卡中将其填充颜色设置为"橙色，着色3"，然后在该选项卡中的"形状样式"列表框中选择"渐变填充-无线条-2"选项，如图 3-59 所示。

⑧ 选择图表，为其添加"移动平均"趋势线，然后选择趋势线，在"属性"任务窗格中的"颜色"下拉列表中选择"矢车菊蓝，着色 5"选项，在"宽度"数值框中输入"3 磅"，如图 3-60 所示（配套资源:\效果文件\项目三\农产品销售表.et）。

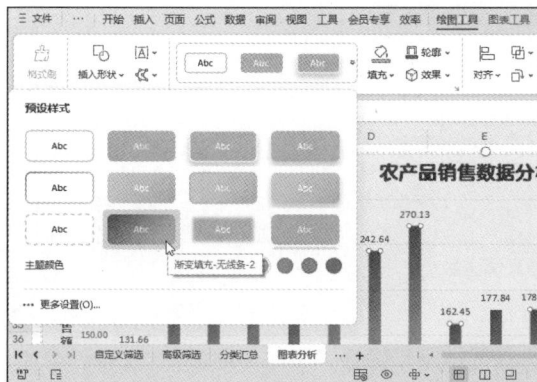

图 3-59　设置数据系列样式　　　图 3-60　设置趋势线样式

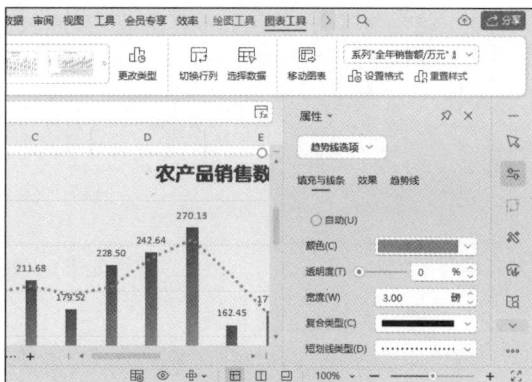

实验五　分析"加班工资统计表"工作簿中的数据

（一）实验目的

◆ 了解使用通义清洗数据的方法。
◆ 掌握创建与编辑数据透视表的方法。
◆ 掌握创建与编辑数据透视图的方法。

（二）实验内容

1. 使用通义清洗数据

下面使用通义清洗"加班工资统计表"工作簿中的多余数据和错误数据，具体操作如下。

① 打开"加班工资统计表.et"工作簿（配套资源:\素材文件\项目三\加班工资统计表.et），选择 A1:J19 单元格区域，按【Ctrl+C】组合键进行复制。

② 在浏览器中搜索"通义"，进入其官方网站后，在下方的聊天框中按【Ctrl+V】组合键粘贴复制的数据，接着按【Shift+Enter】组合键换行，输入清洗数据的需求，最后按【Enter】键获取结果，如图 3-61 所示。

微课 3-25

使用通义清洗数据

③ 根据通义给出的最终结果可以发现，"加班工资统计表.et"工作簿中的问题包括工号 YJ013 重复、缺失工号 YJ012、员工黄晓霞所在的"第 43 车间"可能存在异常、员工李强的加班记录重复等。

④ 检查出现问题的加班记录后，在"加班工资统计表.et"工作簿中将员工宋明达对应的工号修改为"YJ012"，将员工黄晓霞所在的"第 43 车间"修改为"第 4 车间"，然后删除第 18 条关于李强的重复加班记录，最后再检查一遍表格数据，核对数据准确性。

工号	姓名	车间	第1周加班工时	第2周加班工时	第3周加班工时	第4周加班工时	工资系数	工时工资	工资合计
YJ001	陈芳	第2车间	2	2	0	1	1	100.00	800.00
YJ002	李静华	第1车间	4	3	0	1	1.5	100.00	1200.00
YJ003	张荣	第2车间	1	0	2	4	1	100.00	700.00
YJ004	谢小军	第3车间	1	4	1	1	1.2	100.00	840.00
YJ005	郭建军	第1车间	0	3	3	0	1.5	100.00	900.00
YJ006	陈豪	第2车间	1	4	0	1	1.2	100.00	720.00
YJ007	黄晓霞	第43车间	2	0	0	4	1	100.00	600.00
YJ008	沈子璧	第1车间	0	0	3	4	1.5	100.00	1050.00
YJ009	李强	第3车间	2	2	1	0	1.8	100.00	1080.00
YJ010	李玉	第2车间	4	0	0	0	1.2	100.00	480.00
YJ011	刘明亮	第4车间	3	4	4	0	1	100.00	1500.00
YJ012	宋明达	第1车间	1	0	2	0	1.8	100.00	540.00
YJ013	孙小明	第2车间	1	3	0	3	2	100.00	1400.00
YJ014	宋子丹	第1车间	2	2	4	1	1	100.00	800.00
YJ015	钱丽	第3车间	1	0	1	1	1.8	100.00	540.00
YJ016	肖江	第2车间	4	3	1	4	1	100.00	1440.00
YJ017	汪洋	第4车间	2	1	0	1	1	100.00	500.00
YJ018	李强	第3车间	2	2	0	1	1.8	100.00	1080.00

请检查上述数据中是否有重复数据，以及是否存在错误数据。

图 3-61　使用通义清洗数据

2．创建并编辑数据透视表

下面创建数据透视表，并对数据透视表中的字段进行排序和筛选，然后再通过套用样式和手动设置两种方式来美化数据透视表，具体操作如下。

① 在"2025 年 7 月"工作表中选择 A1:J18 单元格区域，在"插入"选项卡中单击"数据透视表"按钮，打开"创建数据透视表"对话框，保持默认设置后，单击　确定　按钮。

② 创建数据透视表后，在"数据透视表"任务窗格中将"车间"字段拖动到"列"列表框中，将"姓名"字段拖动到"行"列表框中，将"工资合计"字段拖动到"值"列表框中，如图 3-62 所示。

③ 单击数据透视表中"姓名"字段右侧的下拉按钮，在打开的下拉列表中选择"降序"选项，如图 3-63 所示。

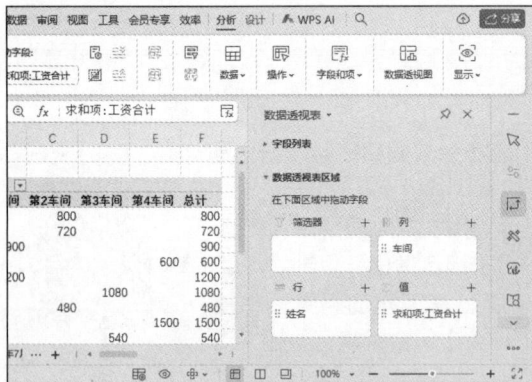

图 3-62　添加字段

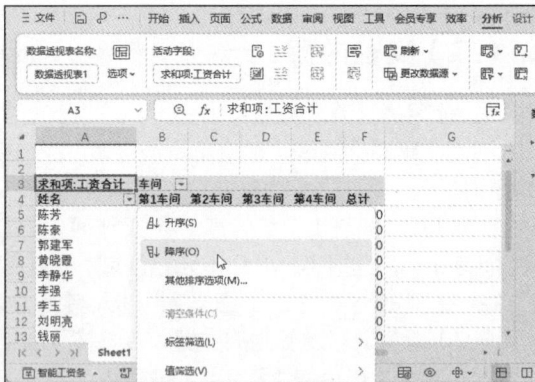

图 3-63　对字段进行排序

④ 此时，数据透视表中的数据记录将按照姓名（拼音的字母顺序）进行降序排列，然后单击"姓名"字段右侧的下拉按钮，在打开的下拉列表中选择"其他排序选项"选项。

⑤ 打开"排序(姓名)"对话框，选中"降序排序(Z 到 A)依据"单选项后，在下方的下拉列表中选择"求和项:工资合计"选项，如图 3-64 所示，然后单击　确定　按钮。此时，数据透视表中的数据记录将按照工资合计数对"姓名"进行降序排列。

⑥ 将"第 1 周加班工时"字段分别拖动到"筛选器"列表框和"值"列表框中。此时，在数据透视表的左上方将出现添加的"第 1 周加班工时(全部)"字段，单击该字段右侧的下拉按钮▾，在打开的下拉列表中将鼠标指针移至"4"选项上，然后单击"仅筛选此项"超链接，如图 3-65 所示。

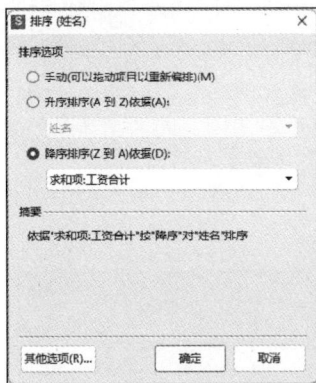

图 3-64　对字段进行自定义排序

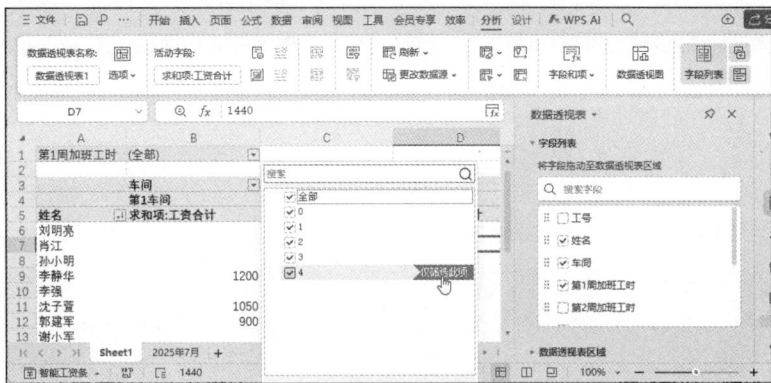

图 3-65　筛选字段内容

⑦ 此时，数据透视表中将只显示加班工时为"4"的员工数据，然后切换至"2025 年 7 月"工作表，将员工"沈子萱"对应的第 1 周加班工时更改为"2"。

⑧ 返回"Sheet1"工作表，单击"第 1 周加班工时 4"字段右侧的下拉按钮▾，在打开的下拉列表中将鼠标指针移至"全部"复选框上，然后单击其右侧出现的"清除筛选"超链接，清除筛选结果。

⑨ 清除筛选结果后，发现数据透视表中的"沈子萱"第 1 周加班工时仍为"0"，此时可以在"分析"选项卡中单击"刷新"按钮🗘，对数据透视表中"沈子萱"的第 1 周加班工时进行更新，使之与数据源中的数据保持一致。

⑩ 选择数据透视表中的任意一个单元格，在"设计"选项卡中选中"镶边行"复选框，然后在该选项卡中的"样式"列表框中单击▾按钮，在打开的下拉列表中先选择"绿色"选项，再选择"数据透视表样式 6"选项，如图 3-66 所示。

⑪ 选择"Sheet1"工作表中的 A5:A23 单元格区域，在"开始"选项卡中的"字体"下拉列表中选择"方正中倩简体"选项。

⑫ 选择 B~K 列，在"开始"选项卡中单击"行和列"按钮⯐，在打开的下拉列表中选择"最适合的列宽"选项；选择第 5~23 行，在其上单击鼠标右键，在弹出的快捷菜单中选择"行高"命令，打开"行高"对话框，在其中将行高设置为"18 磅"，效果如图 3-67 所示。

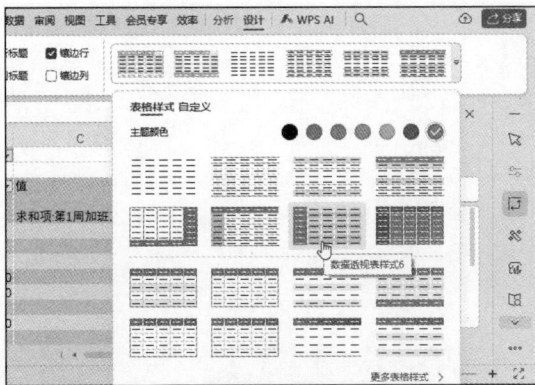

图 3-66　为数据透视表应用预设样式

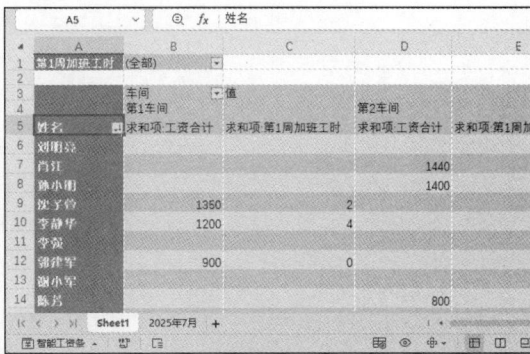

图 3-67　调整表格列宽和行高后的效果

3. 创建并编辑数据透视图

下面创建数据透视图，并对创建的数据透视图进行筛选、添加数据标签和美化等操作，具体操作如下。

① 在"2025年7月"工作表中选择 A5 单元格，然后在"插入"选项卡中单击"数据透视图"按钮，打开"创建数据透视图"对话框，如图 3-68 所示，保持默认设置，单击 确定 按钮。

② 此时，在"Sheet2"工作表中将成功创建数据透视图，并打开"数据透视图"任务窗格，然后将"工号"字段拖动到"筛选器"列表框中，将"车间"字段拖动到"图例(系列)"列表框中，将"姓名"字段拖动到"轴(类别)"列表框中，将"工资合计"字段拖动到"值"列表框中，如图 3-69 所示。

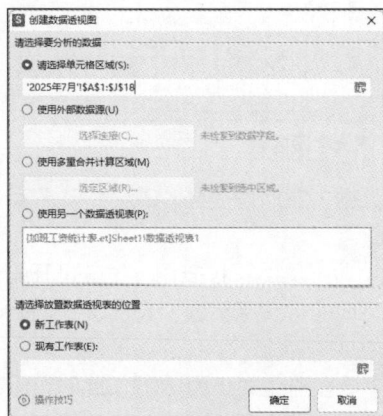

图 3-68　创建数据透视图

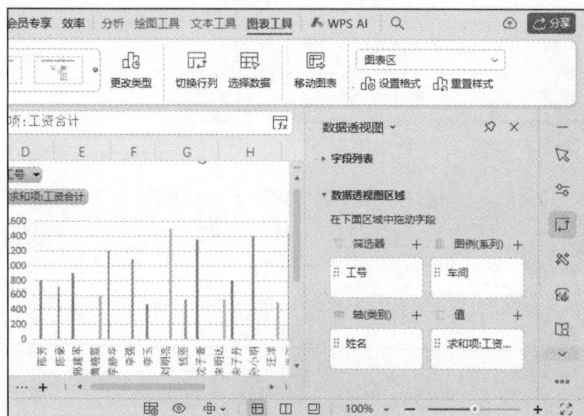

图 3-69　添加字段

③ 选择数据透视图，在"图表工具"选项卡中单击"移动图表"按钮，打开"移动图表"对话框，在"选择放置图表的位置"栏中选中"新工作表"单选项，如图 3-70 所示，然后单击 确定 按钮。

④ 此时，数据透视图将移动到自动新建的"Chart1"工作表中，且该图表将成为"Chart1"工作表中的唯一对象，并随工作表大小的变化而自动变化。

⑤ 切换到"Chart1"工作表，单击透视图中的 姓名 ▼ 按钮，在打开的下拉列表中依次取消选中"郭建军""黄晓霞""李静华"和"李强"复选框，如图 3-71 所示，然后单击 确定 按钮。此时，数据透视图中将不再显示相应员工的加班信息。

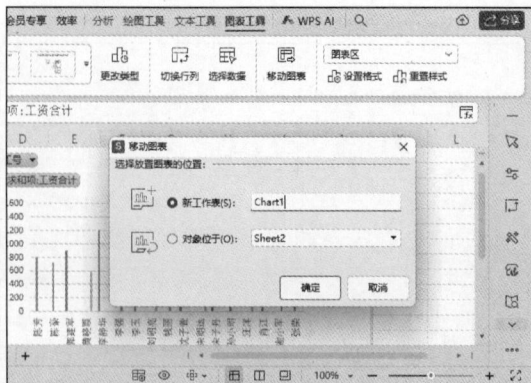

图 3-70　移动数据透视图

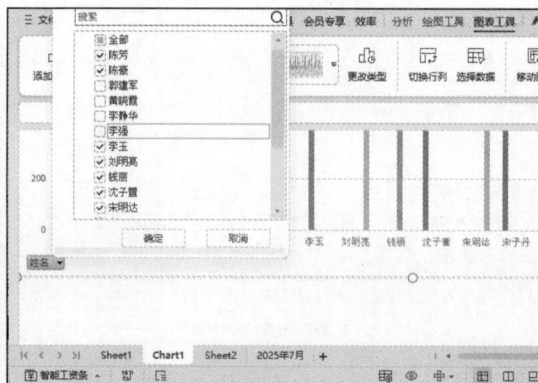

图 3-71　筛选"姓名"字段

⑥ 为数据透视图添加"数据标签外"样式的数据标签，然后设置其图表区填充颜色为"灰色-50%，着色 3，浅色 80%"。

⑦ 选择数据透视图，在"图表工具"选项卡中单击"更改类型"按钮，打开"更改图表类型"对话框，在左侧单击"条形图"选项卡，在右侧选择"簇状条形图"选项，此时，数据透视图从柱形图更改为条形图，如图 3-72 所示（配套资源:\效果文件\项目三\加班工资统计表.et）。

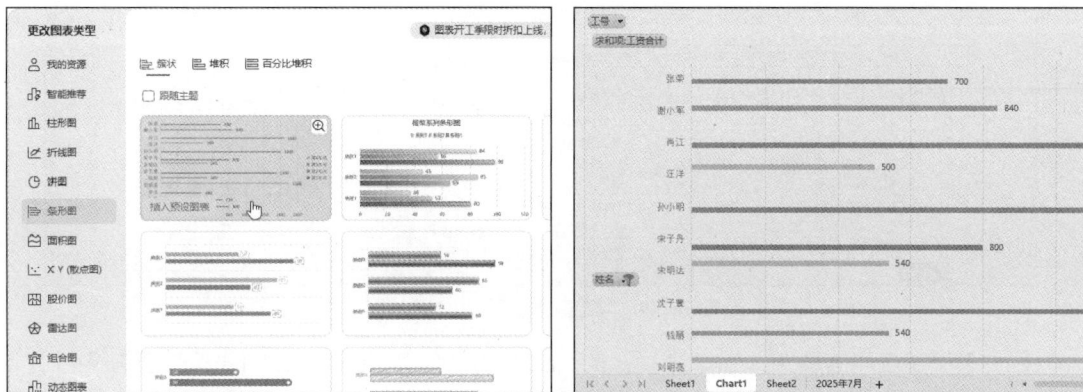

图 3-72　更改图表类型

综合实践

1. 启动 WPS 表格，按照下列要求对表格进行操作，参考效果如图 3-73 所示。

图 3-73　"员工外出登记表"工作簿效果

① 打开 WPS Office 并新建一个空白工作簿，将"Sheet1"工作表重命名为"3 月份"，然后输入外出登记的相关数据。其中，A 列单元格中的数据可以通过拖动填充柄的方式进行快速填充，D 列单元格中的数据可以通过设置数据有效性的方式进行快速填充。

② 设置 A1:H16 单元格区域中文本的格式，包括设置字体、字号、对齐方式，然后为 A1:H1单元格区域设置"灰色-25%，背景 2"的底纹效果。

③ 根据内容依次调整各单元格的列宽，使单元格中的内容完整显示，然后调整第 1 行的行高为"30 磅"，再通过"行高"对话框将第 2～16 行单元格的行高调整为"20 磅"。

④ 对设置完成的工作簿进行加密保存，密码为"123"，然后退出 WPS 表格（配套资源:\效果文件\项目三\综合实践\员工外出登记表.et）。

2. 启动 WPS 表格，按照下列要求对表格进行操作，参考效果如图 3-74 所示。

图 3-74 "员工通信录"工作簿效果

① 打开"员工通信录.et"工作簿（配套资源:\素材文件\项目三\综合实践\员工通信录.et），合并居中 A1:I1 单元格区域，然后将文本"员工通信录"的格式设置为"方正兰亭中黑简体、22"。

② 在第 8 行单元格下方插入一行空白单元格，并输入相关数据信息，然后重新填充工号。

③ 在"Sheet1"工作表中利用 WPS AI 的 AI 条件格式功能将 D 列中职务为"正式职工"的文本设置为深红色。

④ 利用"移动或复制工作表"对话框对"Sheet1"工作表进行复制操作，然后将这两个工作表的名称分别修改为"生产部""商务部"，并将其工作表标签颜色分别设置为"紫色"和"橙色"。

⑤ 设置工作簿的保护密码为"123"，然后打印"生产部"工作表，并设置打印方向为"横向"，居中方式为"水平居中"和"垂直居中"（配套资源:\效果文件\项目三\综合实践\员工通信录.et）。

3. 启动 WPS 表格，按照下列要求对表格进行操作，参考效果如图 3-75 所示。

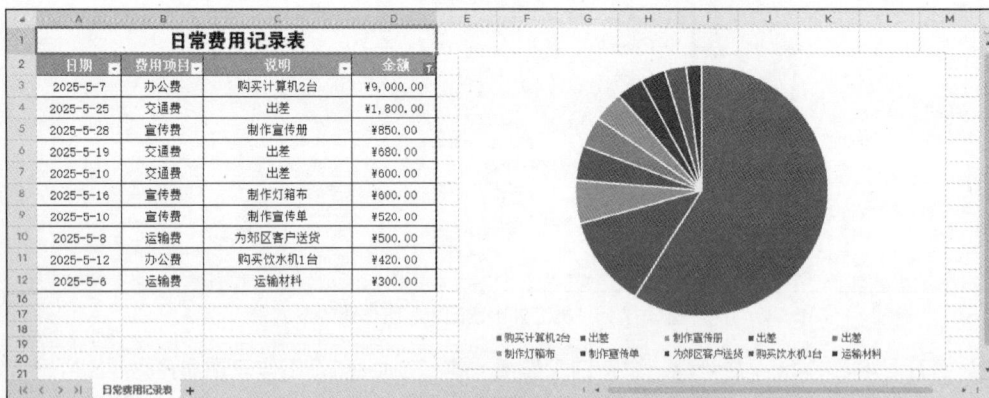

图 3-75 "日常费用记录表"工作簿效果

① 打开"日常费用记录表.et"工作簿（配套资源:\素材文件\项目三\综合实践\日常费用记录表.et），在"日常费用记录表"工作表中对"金额"列进行降序排列。

② 在讯飞星火认知大模型中询问分析"日常费用记录表.et"工作簿中的数据时适用的图表类型，然后根据回复为 C3:D15 单元格区域的数据创建饼图，并删除图表标题。

③ 使用"自动筛选"工具筛选表中的前 10 项数据，并查看图表的变化，然后适当放大图表并调整其位置（配套资源:\效果文件\项目三\综合实践\日常费用记录表.et）。

4. 启动 WPS 表格，按照下列要求对表格进行操作，参考效果如图 3-76 所示。

员工培训成绩表											
员工编号	姓名	所属部门	办公软件	人际交往	专业知识	职业素养	管理能力	总成绩	平均成绩	排名	等级
CF001003	沈佳明	行政部	99	92	94	90	78	453	90.6	1	优秀
CF001005	李明目	客服部	92	90	89	68	91	430	86	2	优秀
CF001006	张丽	销售部	83	89	96	77	78	423	84.6	3	优秀
CF001009	刘畅	行政部	70	85	88	90	85	418	83.6	4	优秀
CF001011	汤家桥	行政部	65	87	88	68	85	393	78.6	5	一般
CF001008	李青	客服部	65	72	92	85	77	391	78.2	6	一般
CF001001	张华	行政部	60	85	88	68	85	386	77.2	7	一般
CF001007	龙泽苑	销售部	89	89	60	66	68	372	74.4	8	一般
CF001010	赵香湜	销售部	78	88	68	68	63	365	73	9	一般
CF001004	胡越	销售部	60	54	55	98	90	357	71.4	10	一般
CF001012	唐萌梦	行政部	50	90	57	66	90	353	70.6	11	一般
CF001002	方艳芸	行政部	62	60	61	60	68	311	62.2	12	一般
CF001013	赵飞	客服部	60	54	55	58	55	282	56.4	13	一般
"管理能力"最高分		91									
"职业素养"最低分		58									

图 3-76 "员工培训成绩表"工作簿效果

① 打开"员工培训成绩表.et"工作簿（配套资源:\素材文件\项目三\综合实践\员工培训成绩表.et），使用 DeepSeek 查询计算员工培训总成绩、平均成绩、排名，以及判断等级和查询"管理能力"最高分、"职业素养"最低分的公式或函数。

② 使用公式"=SUM(D3:H3)"计算员工培训的总成绩，使用公式"=AVERAGE(D3:H3)"计算员工培训的平均成绩，使用公式"=RANK(I3,$I$3:$I$15)"计算员工的排名，使用公式"=IF(J3>80,"优秀","一般")"判断员工等级（判断标准为：当"平均成绩">80 时，显示"优秀"，否则显示"一般"），使用公式"=MAX(H3:H15)"查询"管理能力"最高分，使用公式"=MIN(G3:G15)"查询"职业素养"最低分。

③ 对表格进行美化，为表格标题自定义填充颜色，颜色模式为"RGB"，其中红色值为"246"，绿色值为"238"，蓝色值为"202"。

④ 选择 A2:L15 单元格区域，通过"排序"对话框对"平均成绩"进行降序排列（配套资源:\素材文件\项目三\综合实践\员工培训成绩表.et）。

5. 启动 WPS 表格，按照下列要求对表格进行操作，参考效果如图 3-77 所示。

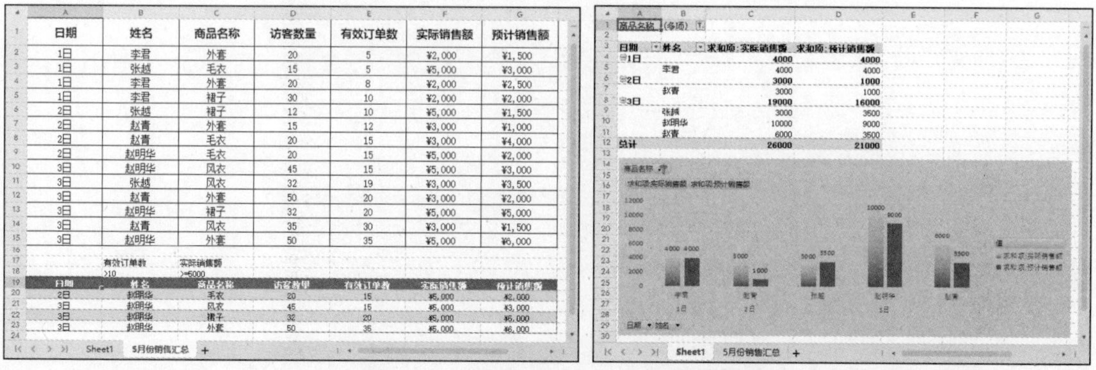

图 3-77 "店铺业绩统计表"工作簿效果

① 打开"店铺业绩统计表.et"工作簿（配套资源:\素材文件\项目三\综合实践\店铺业绩统计表.et），使用文心一言对数据进行清洗。

② 在"5 月份销售汇总"工作表中的 B17:C18 单元格区域中输入高级筛选条件"有效订单数>10、实际销售额>=5000"。

③ 利用"高级筛选"对话框将最终筛选结果复制到当前工作表中的 A19:G23 单元格区域中，然后为筛选结果应用蓝色的"表样式 3"表格样式。

④ 在新工作表中插入数据透视图，然后将"商品名称"字段添加到"数据透视图区域"栏中的"筛选器"列表框中，将"日期"和"姓名"字段添加到"数据透视图区域"栏中的"轴(类别)"列表框中，将"实际销售额"和"预计销售额"字段添加到"数据透视图区域"栏中的"值"列表框中。

⑤ 在数据透视表中筛选出"风衣"和"外套"的销售记录。

⑥ 为数据透视图添加数据标签，并对数据透视图进行适当美化（配套资源:\效果文件\项目三\综合实践\店铺业绩统计表.et）。

项目四

提升说服力
——演示文稿制作

04

（一）实验目的

- ◆ 了解使用文心一言创建演示文稿大纲内容的方法。
- ◆ 掌握新建并保存演示文稿的方法。
- ◆ 掌握新建幻灯片并在其中输入文本的方法。
- ◆ 熟悉在幻灯片中使用文本框的方法。
- ◆ 掌握复制并移动幻灯片的方法。
- ◆ 掌握在幻灯片中编辑文本的方法。

（二）实验内容

1. 使用文心一言创建演示文稿大纲内容

下面使用文心一言创建"消防安全知识"演示文稿的大纲内容，并将其整理到 WPS 文字中，具体操作如下。

① 在浏览器中搜索"文心一言"，进入其官方网站后，在下方的聊天框中输入演示文稿的主题及大纲需求，然后按【Enter】键获取结果，如图 4-1 所示。

② 此时，文心一言将根据要求给出演示文稿的大纲示例，然后将其整理到 WPS 文字中，并对内容进行适当修改，如图 4-2 所示（配套资源:\素材文件\项目四\消防安全知识大纲.wps）。

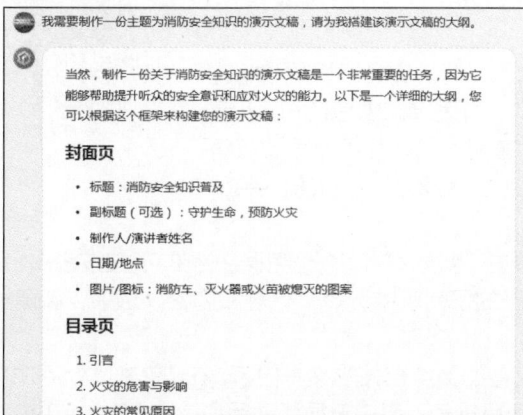

微课 4-1

使用文心一言
创建演示文稿
大纲内容

图 4-1　输入演示文稿的主题及大纲需求并返回结果

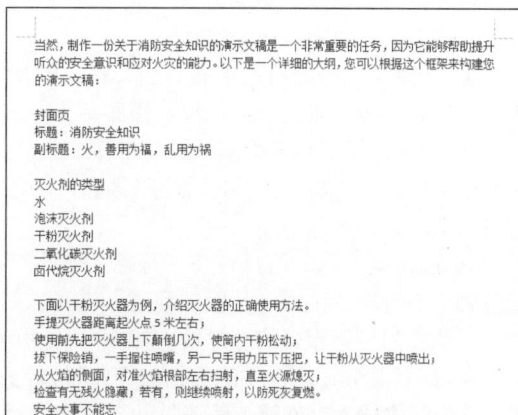

图 4-2　整理演示文稿大纲

2. 新建并保存演示文稿

下面新建一个模板为"消防安全知识"的演示文稿，然后将其以"消防安全知识"为名进行保存，具体操作如下。

① 选择"开始"/"WPS Office"命令，进入 WPS Office 首页，在其中单击"新建"按钮➕，在打开的下拉列表中单击"演示"按钮 P，在打开界面的搜索栏中输入"消防安全知识"文本，然后按【Enter】键。

② 在搜索界面下方选择图 4-3 所示的选项，然后单击 立即使用 按钮，此时 WPS 演示将自动从互联网上下载该模板，并通过该模板创建一个名为"演示文稿 1"的演示文稿。

③ 在快速访问工具栏中单击"保存"按钮🖫，打开"另存为"窗口，在地址栏中设置演示文稿的保存位置，在"文件名称"下拉列表中输入"消防安全知识"文本，在"文件类型"下拉列表中选择"WPS 演示 文件(*.dps)"选项，然后单击 保存(S) 按钮进行保存，如图 4-4 所示。

图 4-3 选择模板

图 4-4 保存演示文稿

3. 新建幻灯片并输入文本

下面先在标题幻灯片中输入主标题和副标题文本，删除第 2～19 张和第 21 张幻灯片，然后新建一张幻灯片，其版式为"标题和内容"，并在各占位符中输入相应的内容，具体操作如下。

① 选择第 1 张幻灯片中的标题文本，将其修改为"消防安全知识"，然后删除"汇报人"和"时间"文本框，接着将标题占位符向下移动，如图 4-5 所示。

② 使用相同的方法将副标题文本修改为"火，善用为福，乱用为祸"，然后将其移至标题占位符上方，最后选择第 2～19 张和第 21 张幻灯片，按【Delete】键将所选幻灯片删除。

③ 选择第 1 张幻灯片，在"开始"选项卡中单击"新建幻灯片"按钮🖫右侧的下拉按钮∨，在打开的下拉列表中选择"从版式新建"选项，在打开的子列表中选择"标题和内容"选项，新建一张"标题和内容"版式的幻灯片，如图 4-6 所示。

④ 在第 2 张幻灯片中的各占位符中输入与灭火器的类型相关的文本内容。在"单击此处添加文本"占位符中输入文本时，系统默认在文本前添加项目符号，用户无须手动添加。按【Enter】键对文本进行分段，完成第 2 张幻灯片的制作。

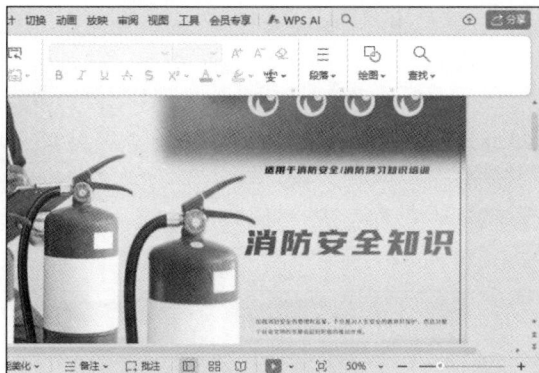

图 4-5　制作标题

图 4-6　新建"标题和内容"版式的幻灯片

4．文本框的使用

下面新建一张幻灯片，在占位符中输入内容后，删除文本占位符前的项目符号，然后在幻灯片右下角插入一个横排文本框并在其中输入相应的内容，具体操作如下。

① 在"幻灯片"浏览窗格中选择第 2 张幻灯片，按【Enter】键新建一张"标题和内容"版式的幻灯片。

② 在新建幻灯片的标题占位符中输入"灭火器的使用方法"文本后，将鼠标指针移动到文本占位符中，按【Backspace】键删除文本插入点前的项目符号，并输入相应文本。

③ 在"插入"选项卡中单击"文本框"按钮，当鼠标指针变成十形状时，在幻灯片右下角单击以绘制文本框，然后在其中输入"安全大事不能忘"文本，如图 4-7 所示。

④ 选择第 2 张幻灯片，在状态栏中单击"智能美化"按钮右侧的下拉按钮，在打开的下拉列表中选择"单页美化"选项，在"当前页可能是"下拉列表中选择"正文页"选项，在打开的子列表中选择图 4-8 所示的选项，然后使用相同的方法美化第 3 张幻灯片。

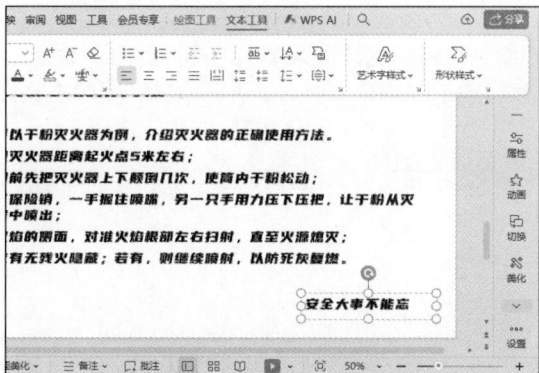

图 4-7　插入文本框并输入文本

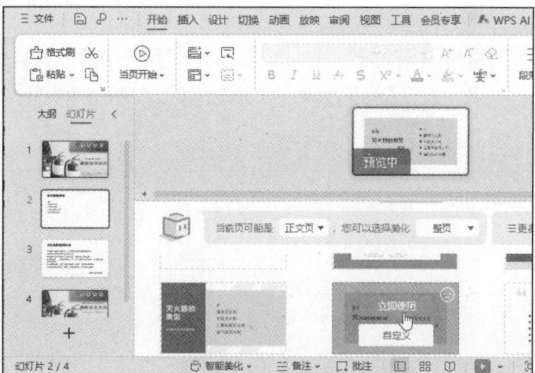

图 4-8　美化幻灯片

5．复制并移动幻灯片

下面先将第 2 张幻灯片复制 4 次，依次在其中更改相应的文本内容后，再将第 4 张幻灯片和第 5 张幻灯片的位置调整到第 1 张幻灯片之后，具体操作如下。

① 在"幻灯片"浏览窗格中选择第 2 张幻灯片，按【Ctrl+C】组合键进行复制，然后将鼠标指针定位到第 3 张幻灯片之后，按【Ctrl+V】组合键进行粘贴，创建一张内容与第 2 张幻灯片完全相同的幻灯片，如图 4-9 所示。

微课 4-4

文本框的使用

② 使用相同的方法在第 4 张幻灯片之后复制 3 张与第 2 张幻灯片完全相同的幻灯片，然后分别在复制的 4 张幻灯片中的标题占位符和文本占位符中输入相应的内容。

③ 按住【Shift】键的同时选择第 4 张和第 5 张幻灯片，然后将其拖动到第 1 张幻灯片之后，如图 4-10 所示。

④ 释放鼠标后，第 4 张幻灯片和第 5 张幻灯片将移动到第 1 张幻灯片之后，变为第 2 张幻灯片和第 3 张幻灯片。

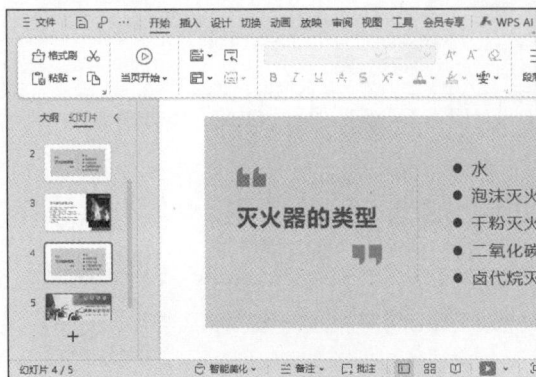

微课 4-5
复制并移动
幻灯片

图 4-9　复制幻灯片

图 4-10　移动幻灯片

6. 编辑文本

下面先在第 3 张幻灯片中复制文本并修改其内容，然后在第 8 张幻灯片中删除副标题文本及其他文本框，具体操作如下。

微课 4-6
编辑文本

① 选择第 3 张幻灯片中的"化学抑制灭火"文本，按住【Ctrl】键的同时按住鼠标左键不放，当鼠标指针变成形状时，将其拖动到原来的"化学抑制灭火"文本前，如图 4-11 所示，释放鼠标左键即可复制文本。

② 选择第 2 个"化学抑制灭火"文本，将其修改为"隔离灭火"，然后按【Ctrl+X】组合键进行剪切，或在选择的文本上单击鼠标右键，在弹出的快捷菜单中选择"剪切"命令。

③ 在"冷却灭火"右侧按【Enter】键换行，然后按【Ctrl+V】组合键进行粘贴，或单击鼠标右键，在弹出的快捷菜单中选择"粘贴"命令，将所选文本移动到末尾，如图 4-12 所示。

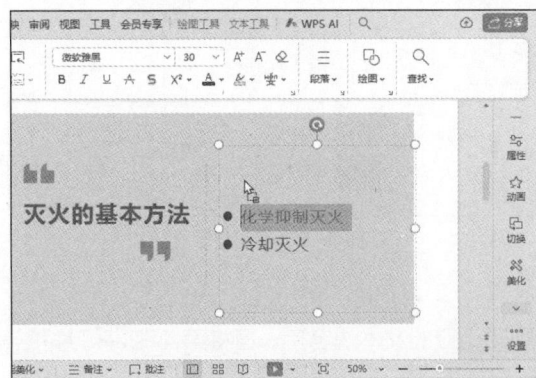

图 4-11　复制文本

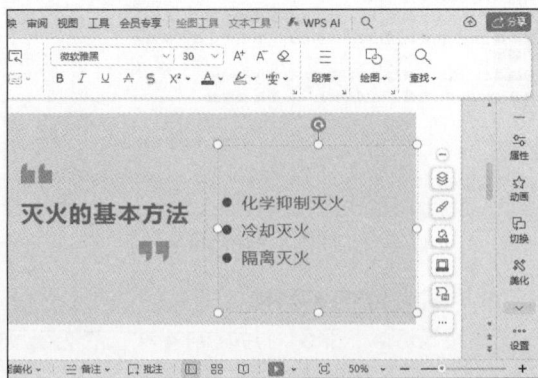

图 4-12　移动文本

④ 选择第 8 张幻灯片，将"消防安全教育"修改为"消防安全知识"，然后删除副标题占位符及其他多余的文本框（配套资源:\效果文件\项目四\消防安全知识.dps）。

实验二　制作"员工入职培训"演示文稿

（一）实验目的

◆　掌握插入并编辑图片的方法。

◆　掌握插入并编辑艺术字的方法。

◆　熟悉插入并编辑 SmartArt 图形的方法。

◆　熟悉插入并编辑形状的方法。

◆　熟悉插入并编辑表格的方法。

◆　了解使用网易天音生成背景音频并将其插入到幻灯片中的方法。

（二）实验内容

1. 插入并编辑图片

下面在第 8 张幻灯片中插入"图片.png"图片，并对其大小进行设置，具体操作如下。

① 打开"员工入职培训.dps"演示文稿（配套资源:\素材文件\项目四\员工入职培训.dps），选择第 8 张幻灯片，在"插入"选项卡中单击"图片"按钮🖾，在打开的下拉列表中选择"本地图片"选项，如图 4-13 所示。

② 打开"插入图片"对话框，在地址栏中选择图片的保存位置，在下方选择"图片.png"图片（配套资源:\素材文件\项目四\图片.png），完成后单击 打开(O) 按钮，如图 4-14 所示。

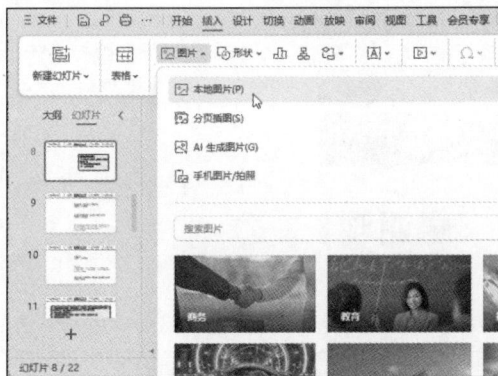

微课 4-7

插入并编辑图片

图 4-13　选择"本地图片"选项

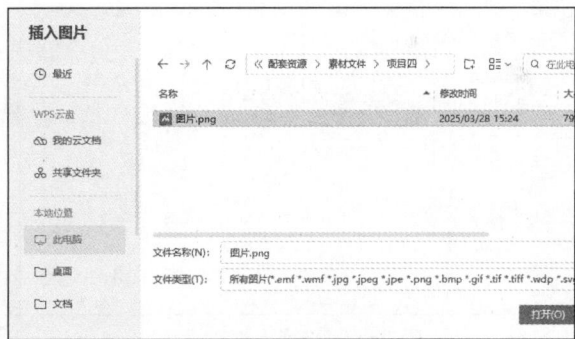

图 4-14　选择图片

③ 返回工作界面后，可看到插入图片后的效果，然后选择图片，在"图片工具"选项卡中的"高度"数值框中输入"13.40 厘米"，在"宽度"数值框中输入"8.93 厘米"，最后将图片置于页面左侧，如图 4-15 所示。

④ 在"插入"选项卡中单击"文本框"按钮🅰，当鼠标指针变成十形状时，在幻灯片中单击鼠标以绘制一个文本框，然后在其中输入"录取了要做些什么呢？"文本，并设置其格式为"黑体、24、居中、1.3 倍行距"。

⑤ 将文本框移动到插入图片的矩形图像上，然后将鼠标指针移动到文本框上方的◎控制点上，向左拖动鼠标使文本框向左旋转一定角度，当文本的角度和矩形图像一致时，释放鼠标，如图 4-16 所示。

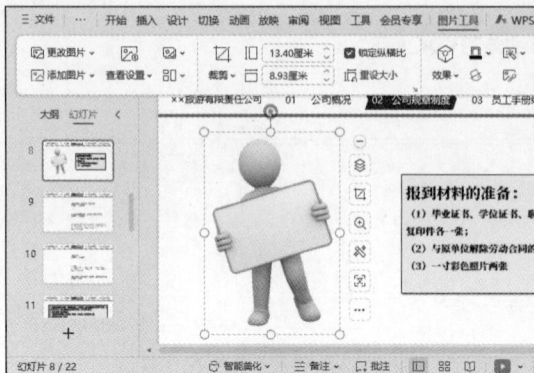

图 4-15 设置图片大小

图 4-16 旋转文本框

2. 插入并编辑艺术字

下面在最后一张幻灯片中插入艺术字"感谢观看！"，具体操作如下。

① 选择最后一张幻灯片，在"插入"选项卡中单击"艺术字"按钮A，在打开的下拉列表中选择"填充-黑色，文本 1，阴影"选项，如图 4-17 所示。

② 此时将出现一个艺术字文本框，将其拖动到幻灯片下方的空白位置后，将文本插入点定位到"请在此处输入文字"文本框中，删除文本，然后重新输入"感谢观看！"文本，并将其字体格式设置为"黑体、72、红色"。

③ 保持艺术字文本框的选择状态，在"绘图工具"选项卡中单击"效果"按钮A，在打开的下拉列表中选择"阴影"选项，在打开的子列表中选择"左上对角透视"选项，如图 4-18 所示。

微课 4-8

插入并编辑
艺术字

图 4-17 选择艺术字

图 4-18 设置艺术字效果

3. 插入并编辑 SmartArt 图形

下面在第 5 张幻灯片中插入一个"射线循环"样式的 SmartArt 图形，然后输入文字并设置样式效果，具体操作如下。

① 在"幻灯片"浏览窗格中选择第 5 张幻灯片，在"插入"选项卡中单击"SmartArt"按钮晶。

② 打开"选择 SmartArt 图形"对话框，在左侧单击"循环"选项卡，在右侧选择"射线循环"选项，如图 4-19 所示，然后单击 插入 按钮。

③ 选择 SmartArt 图形外层中的一个圆形，按【Delete】键将其删除，然后将此 SmartArt 图形置于页面左侧，并适当缩小，如图 4-20 所示。

微课 4-9

插入并编辑
SmartArt 图形

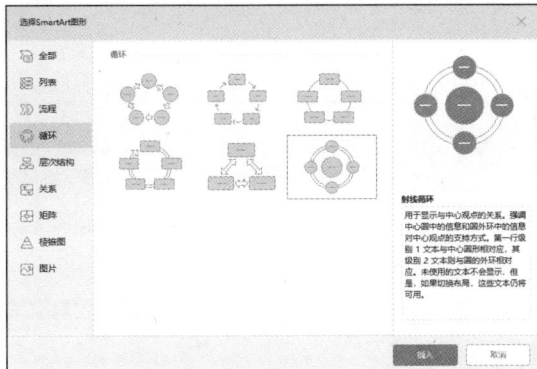

图 4-19　选择 SmartArt 图形

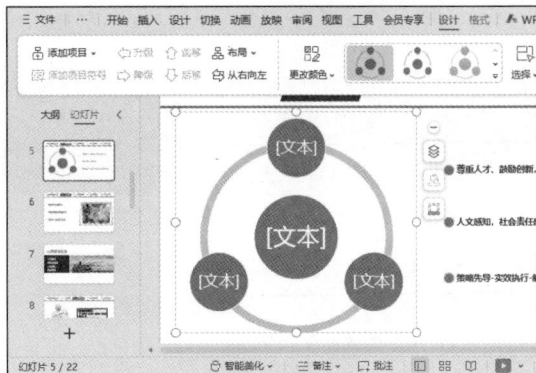

图 4-20　调整图形

④ 在中间的圆形文本框中输入"人文精神"文本，并将其字体格式设置为"黑体、24"，然后在其他 3 个圆形文本框中分别输入"尊重人才""人文感知"和"策略先导"文本，并将其字体格式设置为"黑体、16"，如图 4-21 所示。

⑤ 选择 SmartArt 图形，在"设计"选项卡中的"样式"列表框中选择图 4-22 所示的选项，以美化 SmartArt 图形。

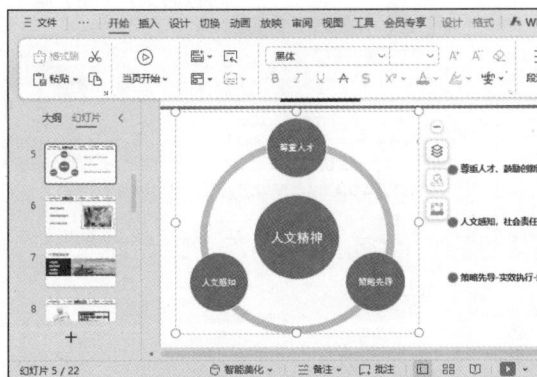

图 4-21　输入并设置文本

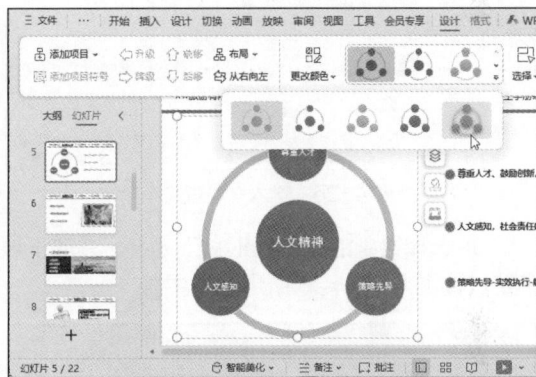

图 4-22　选择 SmartArt 图形样式

4. 插入并编辑形状

下面分别在第 9 张、第 10 张和第 12 张幻灯片中绘制圆角矩形形状和箭头形状，并将其组合成一个流程图，具体操作如下。

① 选择第 9 张幻灯片，在"插入"选项卡中单击"形状"按钮，在打开的下拉列表中选择"圆角矩形"选项，如图 4-23 所示。

② 当鼠标指针变为十形状时，在幻灯片左上方按住鼠标左键不放，拖动鼠标绘制一个圆角矩形，如图 4-24 所示。

微课 4-10

插入并编辑形状

③ 在绘制的圆角矩形上单击鼠标右键，在弹出的快捷菜单中选择"编辑文字"命令，当圆角矩形形状中出现文本插入点时，输入"报到"文本，并将其字体格式设置为"黑体、24"，如图 4-25 所示。

④ 选择圆角矩形，在"绘图工具"选项卡中的"形状样式"列表框中选择"渐变填充–无线条–2"选项，设置圆角矩形形状的样式效果，如图 4-26 所示。

⑤ 使用相同的方法在圆角矩形形状下方绘制一个下箭头形状，并设置相同的样式效果，如图 4-27 所示。

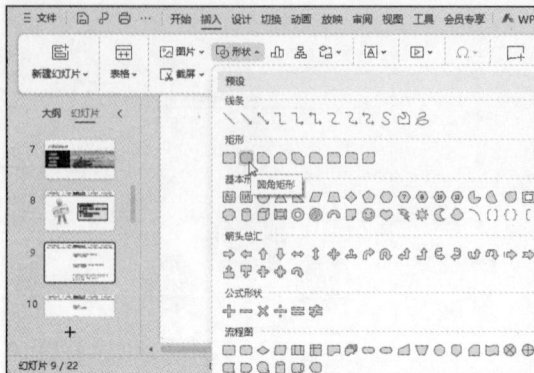

图 4-23　选择形状

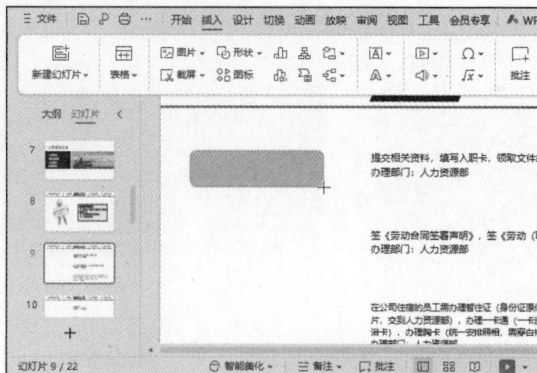

图 4-24　绘制形状

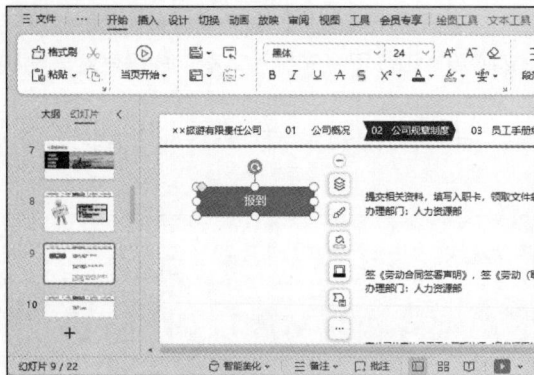

图 4-25　输入并设置文本

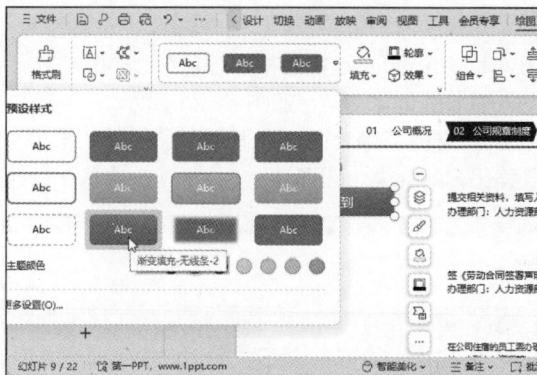

图 4-26　设置形状的样式效果

⑥ 选择绘制的圆角矩形和下箭头，并向下进行复制操作，然后修改圆角矩形形状中的文本，并调整其位置为图 4-28 所示的效果。

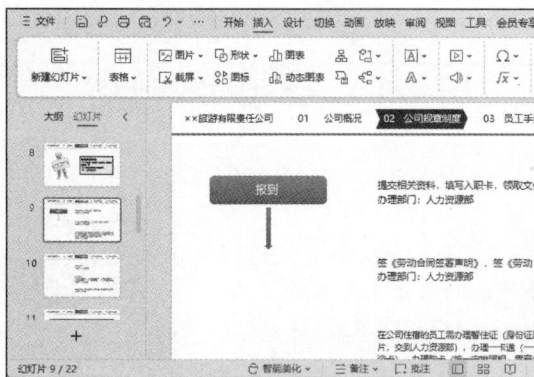

图 4-27　绘制并设置形状

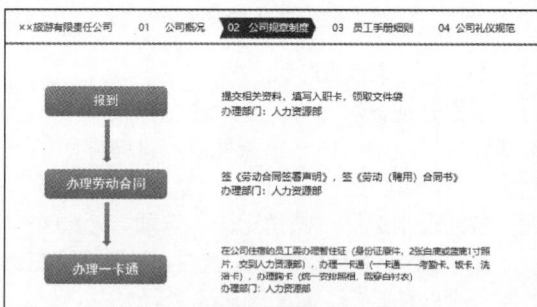

图 4-28　复制形状

⑦ 使用相同的方法分别在第 10 张和第 12 张幻灯片中绘制圆角矩形形状和下箭头形状，输入文本并设置样式效果。

5. 插入并编辑表格

下面在第 18 张幻灯片中插入一个 4 行 5 列的表格，并对插入的表格进行设置，具体操作如下。

① 选择第 18 张幻灯片，在"插入"选项卡中单击"表格"按钮⊞，在打开的下拉列表中选择"插入表格"选项，如图 4-29 所示。

② 打开"插入表格"对话框，在"行数"数值框中输入"4"，在"列数"数值框中输入"5"，如图4-30所示，然后单击 确定 按钮。

③ 拖动鼠标选择第一行中的全部单元格，在"表格工具"选项卡中单击"合并单元格"按钮 ，将选择的单元格进行合并，如图4-31所示。

④ 使用相同的方法合并最后一列的第3个和第4个单元格，然后在第一行合并的单元格中输入"上班和打卡时段"文本，并设置其字体格式为"黑体、24"，接着在"表格工具"选项卡中依次单击"居中对齐"按钮 和"水平居中"按钮 。

⑤ 在第2~4行单元格中依次输入其他文本，并设置其字体格式为"黑体、20"，然后设置文本对齐方式为"居中对齐"和"水平居中"。

⑥ 选择表格，在"表格样式"选项卡中的"样式"列表框中选择"中色系"栏中的"中度样式3-强调6"选项，为表格设置新的外观样式，如图4-32所示。

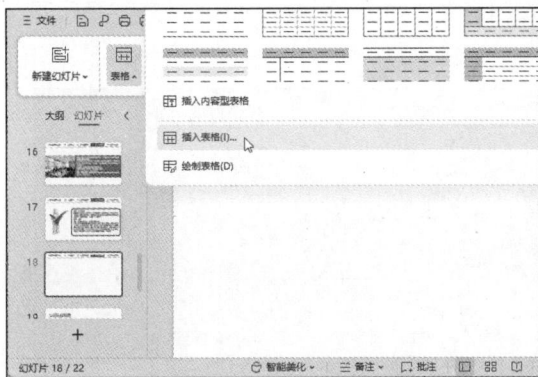

微课 4-11

插入并编辑表格

图 4-29　插入表格

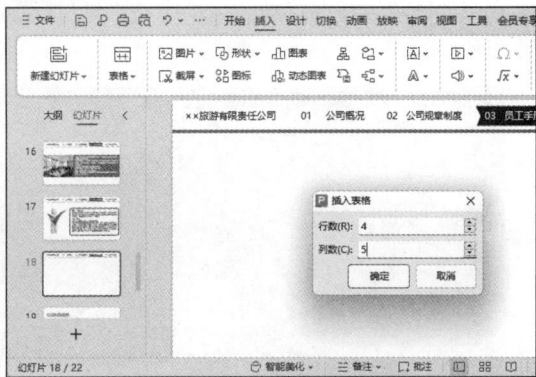

图 4-30　设置表格行列数

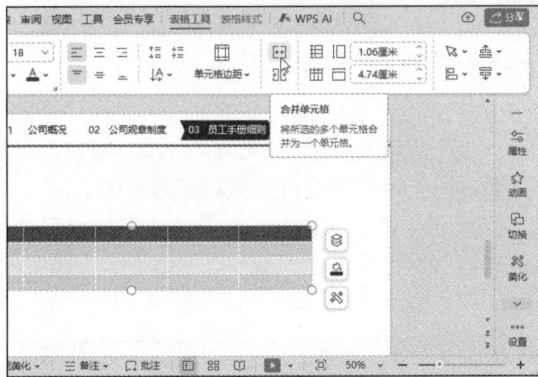

图 4-31　合并单元格

图 4-32　设置表格样式

6. 使用网易天音生成背景音频并插入到幻灯片中

下面使用网易天音生成"河清社鸣"音频，并将其插入到演示文稿中，然后再设置其音频参数，具体操作如下。

① 在浏览器中搜索"网易天音"，进入其官方网站后，单击"AI 编曲"卡片中的 开始创作 按钮，打开"新建编曲"对话框，如图4-33所示，在其中选择"基于曲谱创作"选项。

② 在展开的对话框中选择"山海(Remix)"选项，如图4-34所示，然后单击 开始编曲 按钮。

微课 4-12

使用网易天音
生成背景音频并
插入到幻灯片中

图4-33 选择编曲创作方式

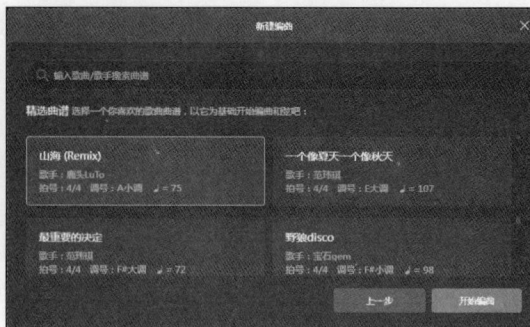

图4-34 选择歌曲曲谱

③ 打开歌曲编曲界面，选择编曲风格为"河清社鸣"，然后单击 ▶试听 按钮，试听编曲效果，如图 4-35 所示，编曲完成后，单击右上角的 ⊙ 导出 按钮将文件导出（配套资源:\素材文件\项目四\河清社鸣.mp3）。

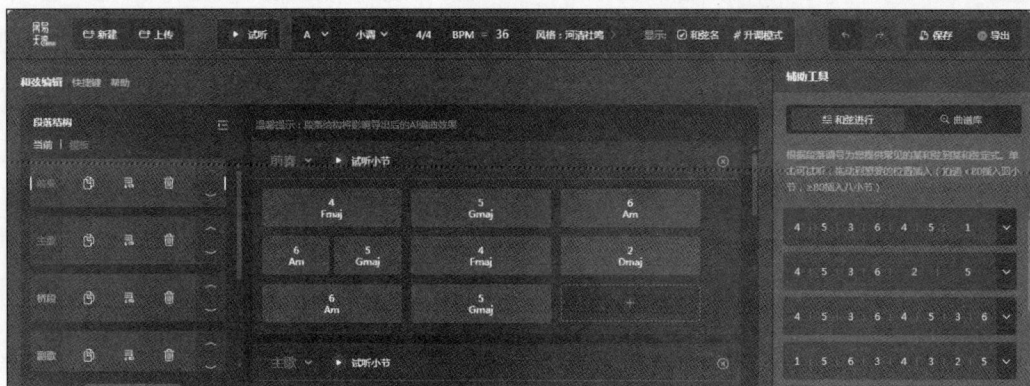

图4-35 设置编曲风格并试听

④ 在"员工入职培训.dps"演示文稿中选择第1张幻灯片，在"插入"选项卡中单击"音频"按钮🔊，在打开的下拉列表中选择"嵌入音频"选项，打开"插入音频"对话框，在其中选择"河清社鸣.mp3"音频文件，如图 4-36 所示，单击 打开(O) 按钮，将音频文件插入到幻灯片中。

⑤ 将音频图标移到页面右上角，在"音频工具"选项卡中的"开始"下拉列表中选择"自动"选项，接着选中"跨幻灯片播放：至"单选项，并设置为"22"页停止，选中"循环播放，直至停止""放映时隐藏"复选框，如图 4-37 所示。

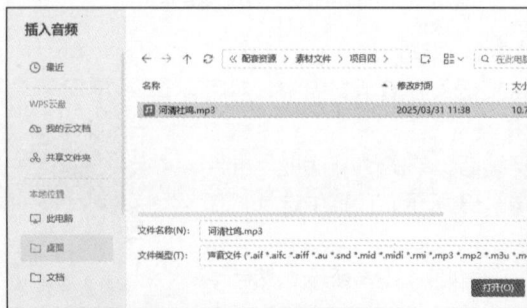

图4-36 插入音频

图4-37 设置音频参数

⑥ 按【Ctrl+S】组合键保存演示文稿，此时将弹出提示对话框，并建议用户将当前演示文稿另存为 pptx 格式，单击"查看受影响的幻灯片"超链接，查看有哪些幻灯片受到了格式的影响，如图 4-38 所示。

⑦ 单击 确定 按钮，打开"另存为"对话框，将该演示文稿以 pptx 格式进行保存，如图 4-39 所示（配套资源:\效果文件\项目四\员工入职培训.pptx、员工入职培训.dps）。

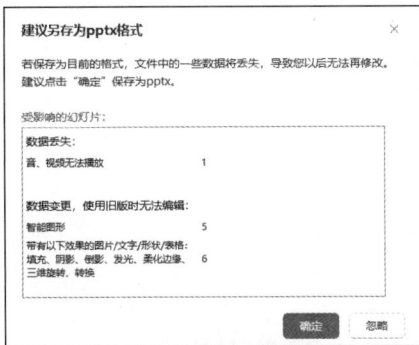

图 4-38　查看受影响的幻灯片

图 4-39　保存演示文稿

实验三　设计"营销环境与策略分析"演示文稿

（一）实验目的

◆　了解使用通义生成演示文稿的方法。

◆　掌握应用幻灯片主题的方法。

◆　掌握制作并使用幻灯片母版的方法。

◆　掌握设置幻灯片切换动画的方法。

◆　掌握设置幻灯片动画效果的方法。

（二）实验内容

1.　使用通义生成演示文稿

下面使用通义生成"营销环境与策略分析"演示文稿，并将其下载至计算机中，具体操作如下。

① 在浏览器中搜索"通义"，进入其官方网站后，单击聊天框上方的 PPT创作 按钮，然后在聊天框中单击鼠标定位文本插入点，输入演示文稿的制作需求后，按【Enter】键获取结果，如图 4-40 所示。

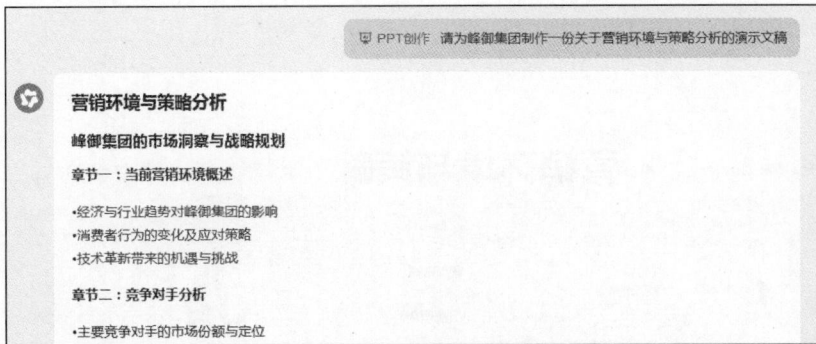

微课 4-13

使用通义生成
演示文稿

图 4-40　输入演示文稿制作需求

② 此时，通义将根据要求给出演示文稿的大纲，单击大纲下方的 ⚙ PPT创作 按钮，进入大纲确认界面，在其中对内容进行适当增减，如图 4-41 所示，单击 ⚙ 下一步 按钮。

图 4-41　编辑大纲

③ 在打开的界面中选择合适的模板，如图 4-42 所示，然后单击 ⚙ 生成PPT 按钮。

图 4-42　选择模板

④ 在打开的界面中单击"导出"按钮✕，在打开的下拉列表中选择"导出为 PPT"选项，如图 4-43 所示，将演示文稿下载至计算机中，然后根据实际情况修改其中的内容，并进行适当美化（配套资源:\素材文件\项目四\营销环境与策略分析.dps）。

图 4-43　导出演示文稿

2. 应用幻灯片主题

下面为"营销环境与策略分析"演示文稿应用"商务风绿色几何职场办公"主题，并设置其配色方案为"赤旗飘扬"，具体操作如下。

① 打开"营销环境与策略分析.dps"演示文稿，在"设计"选项卡中单击"更多主题"按钮，打开"主题方案"对话框，单击"商务风"选项卡，在下方选择图 4-44 所示的选项。

② 返回工作界面后，可看到应用该主题后的效果，然后在"设计"选项卡中单击"配色方案"按钮，在打开的下拉列表中选择"赤旗飘扬"选项，如图 4-45 所示。

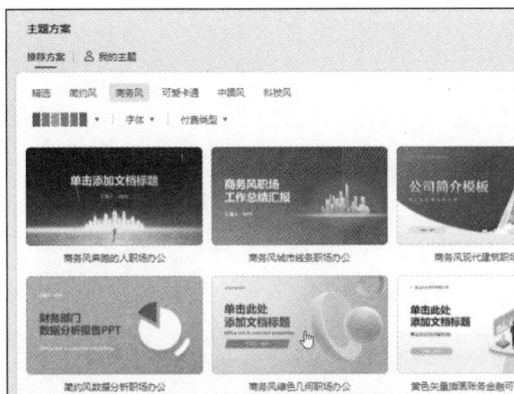

图 4-44　选择主题

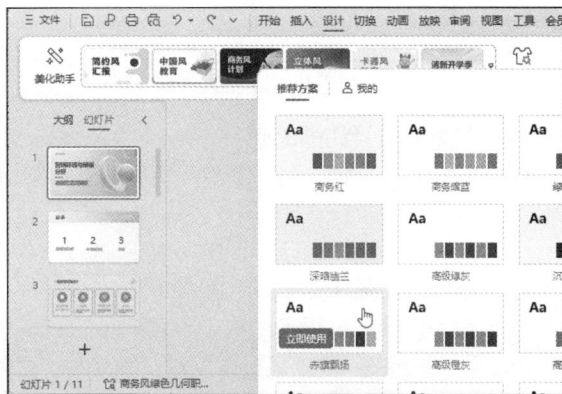

图 4-45　选择模板颜色

③ 将应用主题后的第 1 张幻灯片中的"汇报人：WPS"及平行四边形删除，然后将"营销环境与策略分析"文本和"峰御集团"文本的对齐方式设置为"居中对齐"。

3. 制作并使用幻灯片母版

下面进入幻灯片母版视图，插入并编辑"标志"图片，然后再设置幻灯片的页眉页脚效果，具体操作如下。

① 在"视图"选项卡中单击"幻灯片母版"按钮，进入幻灯片母版编辑状态，然后选择"商务风绿色几何职场办公"主题中的第 1 张幻灯片母版，在"插入"选项卡中单击"图片"按钮，在打开的下拉列表中选择"本地图片"选项。

② 打开"插入图片"对话框，在地址栏中选择图片的保存位置，在下方选择"标志.png"图片（配套资源:\素材文件\项目四\标志.png），然后单击 打开(O) 按钮。

③ 适当缩小插入到幻灯片中的图片，并将其移至页面右上角，然后删除原来的圆锥形图片，如图 4-46 所示。

④ 在"插入"选项卡中单击"页眉页脚"按钮，打开"页眉和页脚"对话框，在"幻灯片"选项卡中选中"日期和时间"复选框和"自动更新"单选项。

⑤ 选中"幻灯片编号"复选框，使演示文稿中的每张幻灯片都按照顺序进行编号。

⑥ 选中"页脚"复选框，其下方的文本框将自动激活，然后在其中输入"营销环境与策略分析"文本。

⑦ 选中"标题幻灯片不显示"复选框，表示所有的设置都不会在标题幻灯片中生效，然后单击 全部应用(Y) 按钮，如图 4-47 所示。

⑧ 在"幻灯片母版"选项卡中单击"关闭"按钮，退出幻灯片母版视图，此时可发现设置已应用于各张幻灯片中，然后依次查看每一张幻灯片，适当调整标题、正文和图片等对象的位置，使幻灯片中各对象的排列效果更加美观。

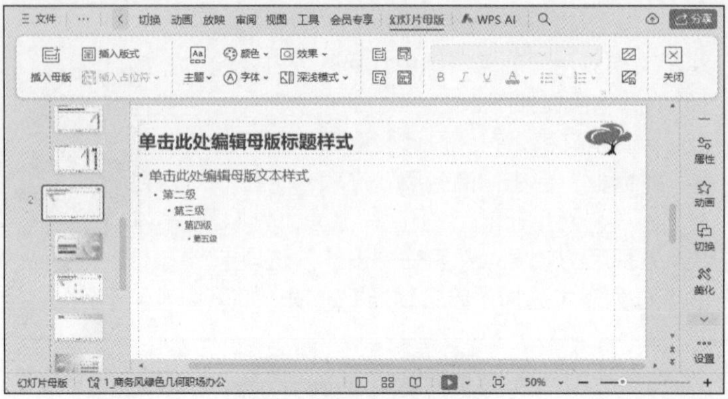

图 4-46　插入并调整图片

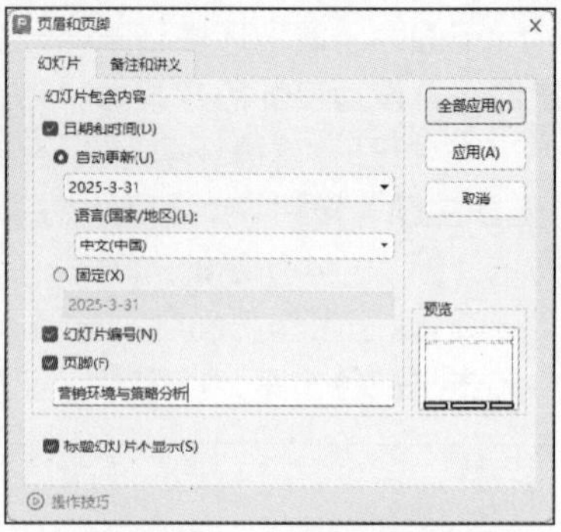

图 4-47　设置页眉页脚

4. 设置幻灯片切换动画

下面为所有幻灯片设置"擦除"切换动画效果，并设置切换声音为"照相机"，具体操作如下。

① 选择第 1 张幻灯片，在"切换"选项卡中的"切换动画"列表框中选择"擦除"选项，如图 4-48 所示。

② 在"切换"选项卡中的"声音"下拉列表中选择"照相机"选项，然后在该选项卡中选中"单击鼠标时换片"复选框，表示在放映幻灯片时，单击鼠标将进行幻灯片的切换操作，最后单击"应用到全部"按钮，为所有幻灯片应用相同的切换效果，如图 4-49 所示。

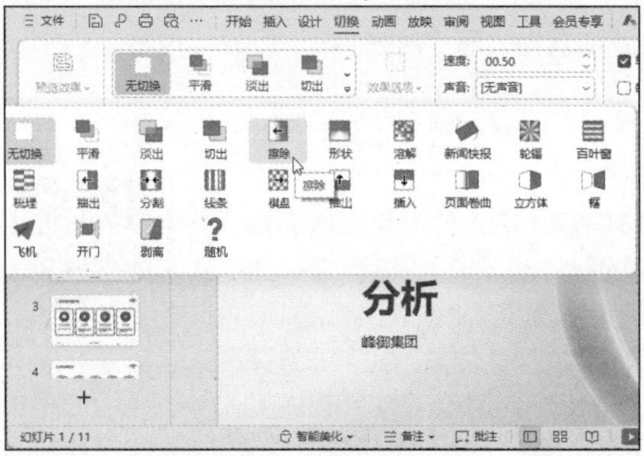

微课 4-16

设置幻灯片切换动画

图 4-48　选择切换动画

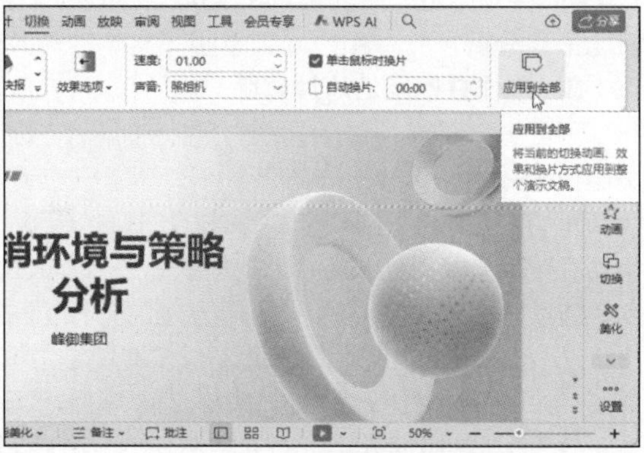

图 4-49　设置切换效果

5. 设置幻灯片动画效果

下面为幻灯片中的各对象设置动画效果，具体操作如下。

① 选择第 1 张幻灯片中的标题占位符，在"动画"选项卡中的"动画样式"列表框中选择"飞入"选项，如图 4-50 所示。

② 保持标题占位符的选择状态，在"动画"选项卡中单击"动画属性"按钮，在打开的下拉列表中选择"自右侧"选项，如图 4-51 所示。

③ 选择副标题占位符，为其添加"缩放"动画效果，然后在"动画"选项卡中单击"动画窗格"按钮，打开"动画窗格"任务窗格。

④ 单击 添加效果 按钮，在打开的下拉列表中选择"更改字体颜色"选项，然后在"动画效果"列表框中选择第 3 个动画效果，在"字体颜色"下拉列表中选择图 4-52 所示的选项。

微课 4-17

设置幻灯片动画效果

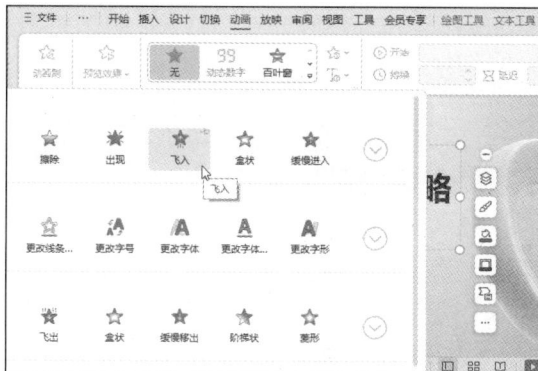
图 4-50　添加动画效果

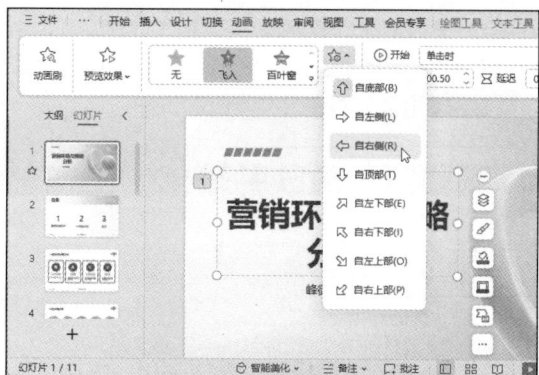
图 4-51　设置动画属性

⑤ 在"动画效果"列表框中选择第 1 个动画效果，然后在"速度"下拉列表中选择"中速(2秒)"选项，如图 4-53 所示。

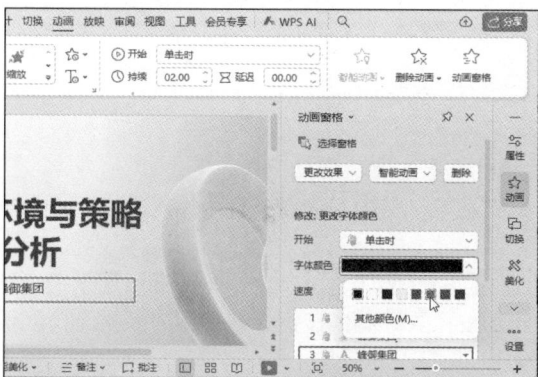
图 4-52　设置字体颜色

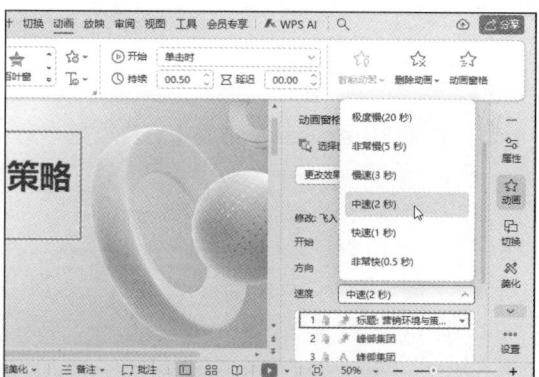
图 4-53　设置播放速度

⑥ 保持第 1 个动画效果的选择状态，在其上单击鼠标右键，在弹出的快捷菜单中选择"效果选项"命令，打开"飞入"对话框，在"声音"下拉列表中选择"打字机"选项，然后单击右侧的"音量"按钮，在打开的下拉列表中拖动滑块以调整音量大小，如图 4-54 所示，完成后单击 确定 按钮。

⑦ 在"动画效果"列表框中选择前两个动画效果，在"动画"选项卡中的"开始"下拉列表中选择"在上一动画之后"选项，在"持续"数值框中输入"01.50"，如图 4-55 所示。

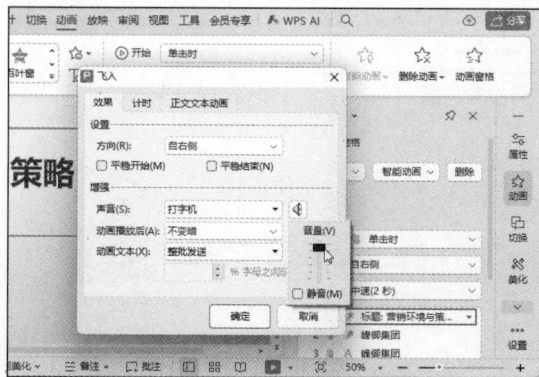
图 4-54　设置动画效果选项

图 4-55　设置动画计时

73

⑧ 选择第 3 个动画效果，在"动画"选项中的"开始"下拉列表中选择"与上一动画同时"选项，然后使用相同的方法为其他幻灯片中的对象添加动画效果，完成后保存演示文稿（配套资源:\效果文件\项目四\营销环境与策略分析.dps）。

实验四　放映并输出"工作总结"演示文稿

（一）实验目的

◆ 了解使用 DeepSeek 生成幻灯片交互方案的方法。
◆ 掌握创建超链接与动作按钮的方法。
◆ 掌握放映幻灯片的方法。
◆ 熟悉排练计时的方法。
◆ 了解自定义放映演示文稿的方法。
◆ 了解打印与打包演示文稿的方法。

（二）实验内容

1. 使用 DeepSeek 生成幻灯片交互方案

下面使用 DeepSeek 生成"工作总结"演示文稿的交互方案，具体操作如下。

① 在浏览器中搜索"DeepSeek"，进入其官方网站后，在中间的聊天框中输入交互需求，然后按【Enter】键获取结果，如图 4-56 所示。

② 此时，DeepSeek 将根据用户需求给出相应的回答。例如，可以使用超链接，用于链接到不同的幻灯片，或者是使用"前一项""下一项""转到主页"等动作按钮，帮助用户轻松浏览演示文稿的不同部分。

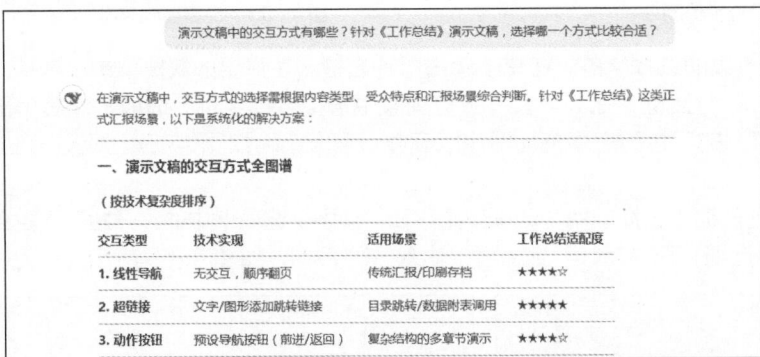

图 4-56　使用 DeepSeek 生成幻灯片交互方案

微课 4-18
使用 DeepSeek 生成幻灯片交互方案

2. 创建超链接与动作按钮

下面为第 3 张幻灯片中的目录文本添加超链接，为其他幻灯片添加动作按钮，具体操作如下。

① 打开"工作总结.dps"演示文稿（配套资源:\素材文件\项目四\工作总结.dps），选择第 3 张幻灯片中的"01"文本，在"插入"选项卡中单击"超链接"按钮。

② 打开"插入超链接"对话框，在"链接到"列表框中单击"本文档中的位置"选项卡，在"请选择文档中的位置"列表框中选择要链接到的第 4 张幻灯

微课 4-19
创建超链接与动作按钮

片，如图 4-57 所示，然后单击 确定 按钮。

③ 返回工作界面后，可看到设置超链接的文本颜色已发生变化，并且文本下方有一条橙色的线。此时在设置了超链接的文本上单击鼠标右键，在弹出的快捷菜单中选择"超链接"命令，在打开的子菜单中选择"编辑超链接"命令。

④ 打开"编辑超链接"对话框，单击 超链接颜色(C) 按钮，打开"超链接颜色"对话框，在其中设置"超链接颜色"为"白色，背景 1"，"已访问超链接颜色"为"橙色"，然后选中"链接无下画线"单选项，如图 4-58 所示，完成后单击 应用到全部 按钮。

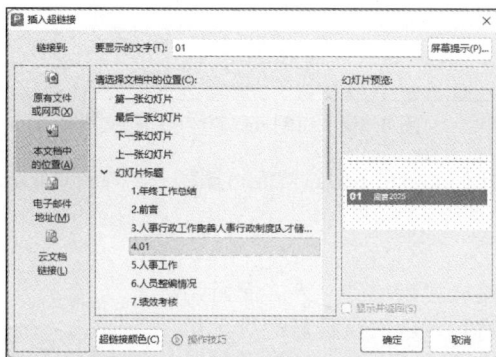

图 4-57　选择链接的目标位置

图 4-58　设置超链接颜色

⑤ 返回"编辑超链接"对话框，单击 确定 按钮，返回工作界面，此时可看到设置了超链接的文本颜色已变为白色，且文本下方的线也已消失。

⑥ 使用相同的方法为第 3 张幻灯片中的其他对象创建超链接，然后选择第 4 张幻灯片，在"插入"选项卡中单击"形状"按钮 ，在打开的列表中选择"动作按钮：后退或前一项"选项，如图 4-59 所示。

⑦ 当鼠标指针变成十形状时，在幻灯片右下角的空白处拖动鼠标绘制一个动作按钮，绘制完成后，将自动打开"动作设置"对话框，保持默认设置后，如图 4-60 所示，单击 确定 按钮。

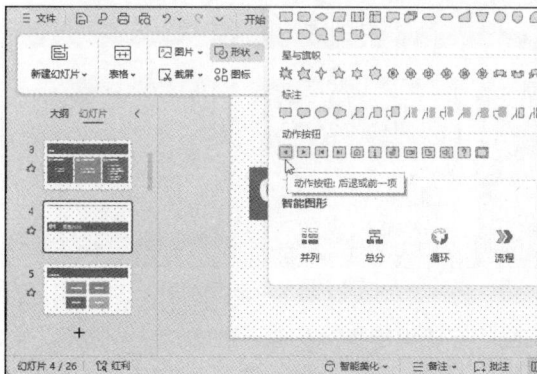

图 4-59　选择动作按钮

图 4-60　"动作设置"对话框

⑧ 将动作按钮的宽度和高度均设置为"1 厘米"，然后选择动作按钮，在"绘图工具"选项卡中的"形状样式"列表框中选择"无填充-实线-加粗"选项，如图 4-61 所示。

⑨ 在动作按钮下方创建一个横排文本框，输入"上一张"文本后，设置其字体格式为"方正兰亭黑_GBK、10"，字体颜色为"钢蓝，着色 1"，然后使用相同的方法绘制"动作按钮：前进或下一项"动作按钮、"动作按钮：第一张"动作按钮，以及"下一张"和"返回目录"文本框，如图 4-62 所示。

图 4-61　设置动作按钮形状样式

图 4-62　绘制其他动作按钮和文本框

⑩　选择创建的所有动作按钮和对应的文本框，按【Ctrl+C】组合键进行复制，然后将其粘贴到第 5~25 张幻灯片中。

3. 放映幻灯片

下面放映"工作总结"演示文稿，并使用超链接快速定位到"人才储备和激励机制"所在的幻灯片，然后返回上次查看的幻灯片，依次查看各幻灯片和对象，最后在最后一张幻灯片标记重要内容，随后退出幻灯片放映视图，具体操作如下。

微课 4-20

放映幻灯片

①　在"放映"选项卡中单击"从头开始"按钮，进入幻灯片放映状态，此时将放映当前演示文稿中的第 1 张幻灯片，如图 4-63 所示，单击或利用鼠标滚轮可放映下一个动画或下一张幻灯片。

②　当放映到第 3 张幻灯片时，将鼠标指针移动到"人才储备与激励机制"文本上，当鼠标指针变成形状时，如图 4-64 所示，单击鼠标左键。

图 4-63　进入幻灯片放映视图

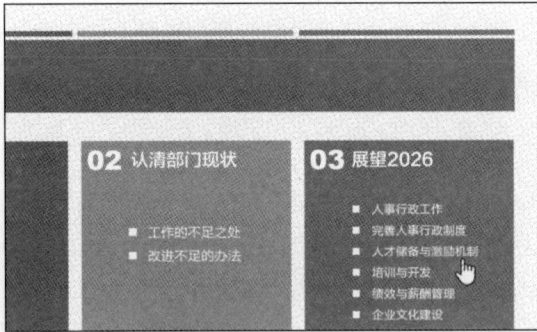

图 4-64　单击超链接

③　此时将切换到链接到的目标幻灯片，使用前面的方法单击鼠标左键可继续放映其他幻灯片。

④　在幻灯片上单击鼠标右键，在弹出的快捷菜单中选择"最后一页"命令。

⑤　此时将放映最后一张幻灯片，在幻灯片中单击鼠标右键，在弹出的快捷菜单中选择"墨迹画笔"命令，在弹出的子菜单中选择"荧光笔"命令，如图 4-65 所示。

⑥　当鼠标指针变成 形状时，按住鼠标左键不放并拖动鼠标指针可标记重要内容。当所有幻灯片放映完毕后，将打开一个黑色页面，并显示"放映结束，单击鼠标退出。"字样，此时单击鼠标可退出幻灯片的放映状态。

⑦　由于前面标记了内容，退出时将打开询问是否保留墨迹注释的对话框，如图 4-66 所示，单击 放弃(D) 按钮，删除绘制的标注。

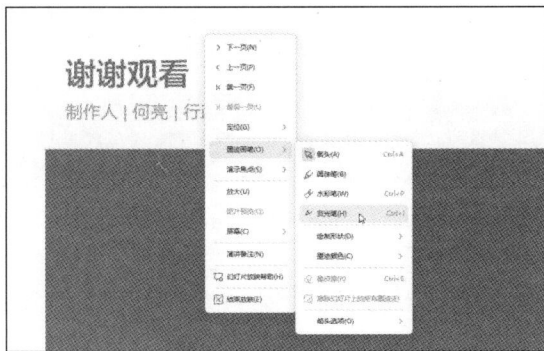

图 4-65　选择"荧光笔"命令

图 4-66　是否保留墨迹注释的对话框

4. 排练计时

下面在演示文稿中对各动画进行排练计时，具体操作如下。

① 在"放映"选项卡中单击"排练计时"按钮，进入放映排练状态，同时打开"预演"工具栏为当前幻灯片进行计时，如图 4-67 所示，其中包括"幻灯片放映时间"和"幻灯片放映总时间"。

② 单击或按【Enter】键可切换到下一张幻灯片，或显示当前幻灯片中的下一个动画。

③ 一张幻灯片播放完毕后，单击鼠标切换到下一张幻灯片，此时"预演"工具栏中的"幻灯片放映时间"将从头开始为该张幻灯片的放映进行计时。

④ 放映结束后，将打开提示框，提示幻灯片的总放映时长，并询问是否保留新的幻灯片排练时间，如图 4-68 所示，单击 是(Y) 按钮进行保存。

⑤ 在"视图"选项卡中单击"幻灯片浏览"按钮，进入"幻灯片浏览"视图，在其中可以看到每张幻灯片的左下角都显示了播放时间。图 4-69 所示为第 1 张幻灯片在"幻灯片浏览"视图中显示的播放时间。

微课 4-21

排练计时

图 4-67　"预演"工具栏

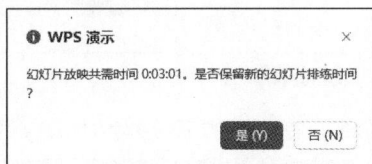

图 4-68　保留新的幻灯片排练时间

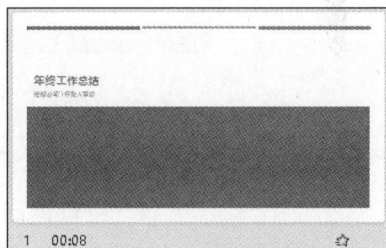

图 4-69　显示播放时间

5. 自定义放映演示文稿

下面自定义演示文稿的放映顺序，具体操作如下。

① 在"放映"选项卡中单击"自定义放映"按钮，打开"自定义放映"对话框，如图 4-70 所示，单击 新建(N)… 按钮，新建一个放映项目。

② 打开"定义自定义放映"对话框，在"在演示文稿中的幻灯片"列表框中同时选择第 1~3 张、第 5~14 张、第 16~17 张、第 19~25 张幻灯片，然后单击 添加(A) >> 按钮，将选择的幻灯片添加到"在自定义放映中的幻灯片"列表框中，如图 4-71 所示。

③ 单击 确定 按钮，返回"自定义放映"对话框，在"自定义放映"列表框中会显示新建的放映项目的名称，然后单击 关闭(C) 按钮完成设置。

微课 4-22

自定义放映演示文稿

图 4-70 "自定义放映"对话框

图 4-71 添加放映项目

6. 打印与打包演示文稿

下面将前面制作并设置好的演示文稿打印出来，要求在一页纸上显示两张幻灯片，然后再将其以"工作总结"为名打包到文件夹中，具体操作如下。

① 选择"文件"/"打印"/"打印预览"命令，打开"打印预览"界面，在"份数"数值框中输入"2"，在"打印内容"栏中单击"每页多张"按钮，在打开的下拉列表中选择"2 张"选项，然后选中"幻灯片加框"复选框，如图 4-72 所示，完成后单击 打印 (Enter) 按钮开始打印。

图 4-72 设置打印参数

微课 4-23
打印与打包演示文稿

② 选择"文件"/"文件打包"命令，在打开的下拉列表中选择"将演示文档打包成文件夹"选项，打开"演示文件打包"对话框，在其中设置好文件夹的名称和保存位置后，如图 4-73 所示，单击 确定 按钮。

③ 此时将打开提示框，提示文件打包已完成，然后单击 关闭(C) 按钮完成打包操作，如图 4-74 所示（配套资源:\效果文件\项目四\工作总结.dps、"工作总结"文件夹）。

图 4-73 文件打包设置

图 4-74 提示打包已完成

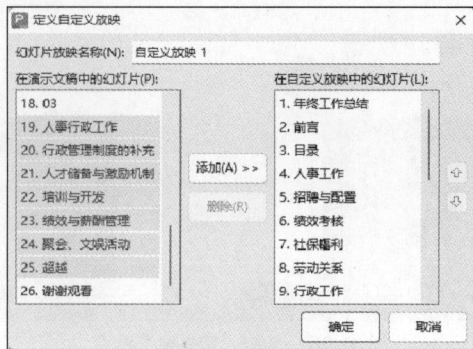

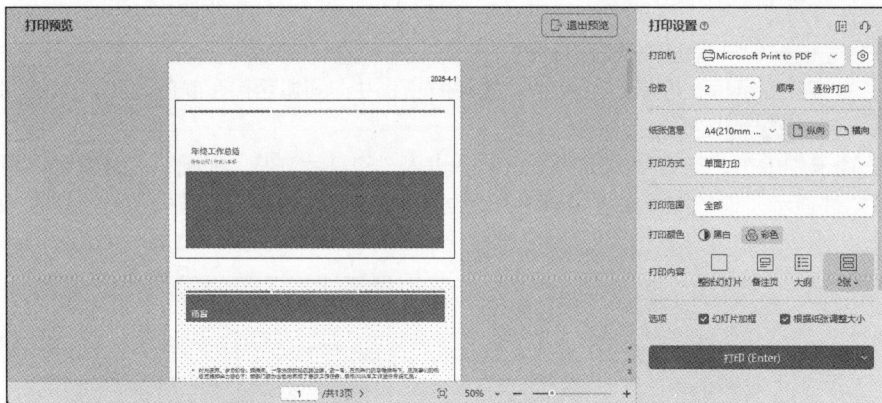

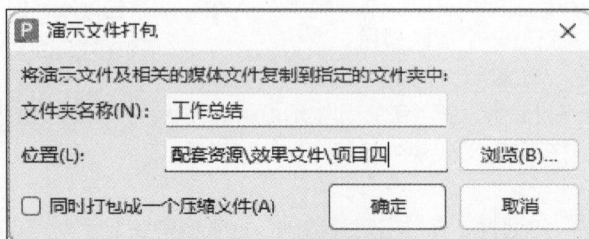

综合实践

1. 启动 WPS 演示，按照下列要求对演示文稿进行操作，参考效果如图 4-75 所示。

图 4-75 "工作计划"演示文稿效果

① 使用文心一言生成 2025 年工作计划的大纲，然后再将其以"工作计划大纲.txt"为名保存到计算机中（配套资源:\素材文件\项目四\综合实践\工作计划大纲.txt）。

② 在 WPS 演示中新建一个空白演示文稿，在"设计"选项卡中单击"更多主题"按钮💡，打开"主题方案"对话框，在其中选择"简约风"选项卡下的任意主题，并应用该主题。

③ 在第 1 张幻灯片中分别输入标题文本"2025 年工作计划"和副标题文本"张萌"，然后删除其他无用的文本框。

④ 在第 2 张幻灯片中根据"工作计划大纲.txt"文档中的内容输入相应的目录，然后删除第 3 张幻灯片。

⑤ 在第 3 张幻灯片中输入相应的内容后，设置正文文本的行距为"2 倍行距"，然后复制该张幻灯片 3 次，并依次修改其中的内容。

⑥ 选择第 6 张幻灯片，在其中插入"促销.jpg"图片（配套资源:\素材文件\项目四\综合实践\促销.jpg），并设置其边框、大小和阴影效果。

⑦ 将第 7 张幻灯片中的"感谢您的观看"文本修改为"谢谢大家"，将"汇报人：WPS"文本修改为"张萌"，然后删除多余的文本框，最后将该演示文稿以"工作计划.dps"为名保存到计算机中（配套资源:\效果文件\项目四\综合实践\工作计划.dps）。

2. 启动 WPS 演示，按照下列要求对演示文稿进行操作，参考效果如图 4-76 所示。

① 打开"新品上市计划.dps"演示文稿（配套资源:\素材文件\项目四\综合实践\新品上市计划.dps），在第 2 张幻灯片中插入"填充-白色，轮廓-着色 2，清晰阴影-着色 2"样式的艺术字，然后在艺术字文本框中输入"目录"文本，并调整其位置和字体格式。

② 在第 2 张幻灯片中绘制一个圆角矩形，在其中输入相应的文本内容后，将其字体格式设置为"方正大标宋简体、36、黑色"，然后再将圆角矩形的填充颜色设置为"无填充颜色"，轮廓颜色设置为"黑色"。

③ 在第 4 张幻灯片中输入文本内容，并调整文本的等级和字体格式。

④ 在第 7 张幻灯片中插入表格，并设置表格的颜色、对齐方式等。

⑤ 使用网易天音基于"太阳"曲谱生成一段音频，并将其风格设置为"四时之气"，然后将生成的曲谱下载至计算机中（配套资源:\素材文件\项目四\综合实践\四时之气.mp3）。

⑥ 将生成的音频插入到演示文稿的第 1 张幻灯片中，设置其音频参数后，将演示文稿另存为
pptx 格式（配套资源:\效果文件\项目四\综合实践\新品上市计划.dps、新品上市计划.pptx）。

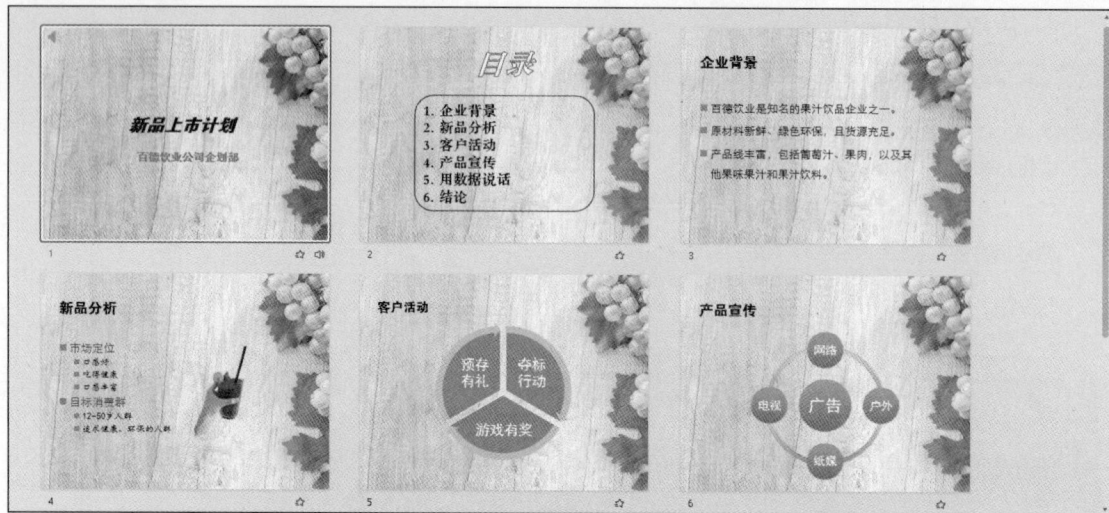

图 4-76 "新品上市计划"演示文稿效果

3. 启动 WPS 演示，按照下列要求对演示文稿进行操作，参考效果如图 4-77 所示。

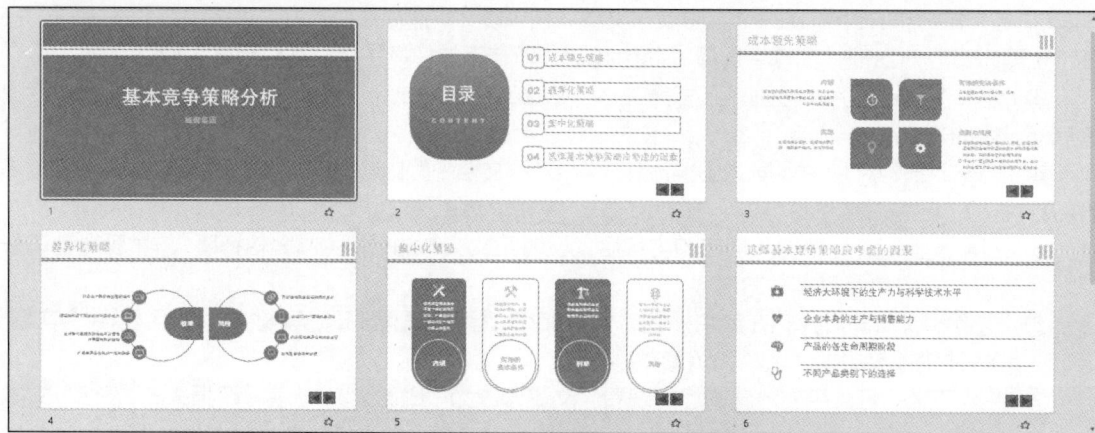

图 4-77 "基本竞争策略分析"演示文稿效果

① 使用豆包搜索放映"基本竞争策略分析"演示文稿的动画设计方案，然后按照该方案设置幻
灯片切换动画及幻灯片对象动画。

② 打开"基本竞争策略分析.dps"演示文稿（配套资源:\素材文件\项目四\综合实践\基本竞争
策略分析.dps），为第 2 张幻灯片中的目录文本添加对应的超链接。

③ 为第 1 张幻灯片中的标题文本和副标题文本添加"飞入"动画效果，并将动画飞入方向设置
为"自左侧"，然后依次为第 2~6 张幻灯片中的标题文本设置"缩放"动画效果，并设置其动画开
始方式为"与上一动画同时"。

④ 为最后一张幻灯片添加"擦除"切换效果，然后在第 2 张幻灯片右下角添加"动作按钮:后
退或前一项"和"动作按钮:前进或下一项"动作按钮，并将其复制粘贴到第 3~6 张幻灯片中。

⑤ 保存演示文稿，并将其打包到"基本竞争策略分析"文件夹中（配套资源:\效果文件\项目
四\综合实践\基本竞争策略分析.dps、"基本竞争策略分析"文件夹）。

项目五

快速获取信息——信息检索

05

实验一　使用百度搜索十大励志人物

（一）实验目的

◆ 掌握百度搜索引擎的基本使用方法。
◆ 掌握百度搜索引擎的高级查询方法。
◆ 了解百度搜索引擎的 AI 搜索。
◆ 熟悉使用不同指令进行信息搜索的方法。

（二）实验内容

1. 百度的基本使用

使用搜索引擎搜索信息是人们获取信息的常用途径之一。目前搜索引擎较多且使用方法类似，下面以百度为例，搜索"十大励志人物"的相关信息，了解并学习先进人物的优良品质，培养并提高自己的知识素养，具体操作如下。

微课 5-1

百度的基本使用

① 启动浏览器，在地址栏中输入百度的网址后，按【Enter】键进入百度首页，然后在页面中间的搜索框中输入要查询的关键词"十大励志人物"，最后按【Enter】键或单击 百度一下 按钮。

② 在打开的搜索结果页面中单击搜索框下方的"搜索工具"按钮 ，如图 5-1 所示。

③ 展开"搜索工具"栏，单击 时间不限 ∨ 按钮，在打开的下拉列表中选择"一年内"选项，如图 5-2 所示，此时将得到一年内与"十大励志人物"相关的搜索结果。

图 5-1　单击"搜索工具"按钮

图 5-2　限制搜索时间

④ 在"搜索工具"栏中单击 所有网页和文件 ∨ 按钮，在打开的下拉列表中选择"Word(.doc)"选项，此时，网页中将只显示搜索到的与"十大励志人物"相关的 Word 文件，如图 5-3 所示。

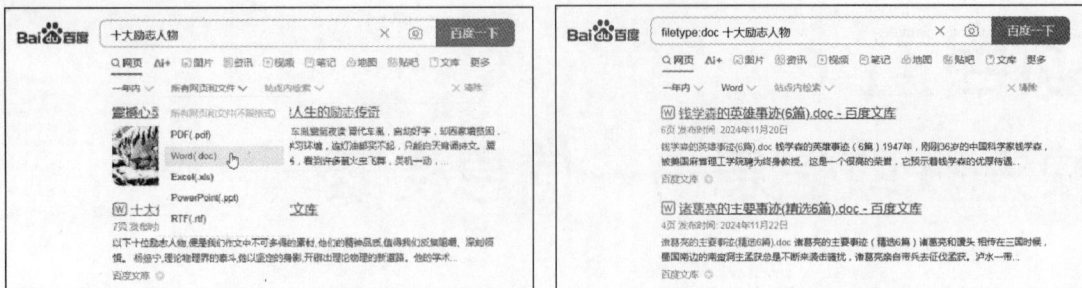

图 5-3　设置检索文件的类型并显示结果

2. 百度的高级查询

在搜索"十大励志人物"时，可以对包含完整关键词、包含任意关键词或不包含某些关键词的情况进行搜索，从而获得更加符合要求的搜索结果，以便更好地筛选十大励志人物的相关信息，具体操作如下。

① 在百度搜索引擎的首页中单击右上角的"设置"超链接，在打开的下拉列表中选择"高级搜索"选项。

微课 5-2

百度的高级查询

② 打开"高级搜索"对话框，在"包含全部关键词"文本框中输入"十大 励志 人物"文本，要求搜索结果页面中同时包含"十大""励志""人物"3 个关键词；在"包含完整关键词"文本框中输入"励志人物"文本，要求搜索结果页面中要包含"励志人物"这一完整关键词，使其不被拆分；在"包含任意关键词"文本框中输入"2024 励志人物"文本，要求搜索结果页面中要包含"2024"或者"励志人物"关键词；在"不包括关键词"文本框中输入"经典 传记 颁奖"文本，要求搜索结果页面中不包含"经典"或"传记"或"颁奖"关键词，最后在"关键词位置"栏中选中"仅网页标题中"单选项，如图 5-4 所示。

③ 单击 高级搜索 按钮完成搜索，检索结果如图 5-5 所示。

图 5-4　设置高级搜索参数

图 5-5　高级查询搜索结果

3. 百度的 AI 搜索

百度的 AI 搜索是基于深度学习和大模型技术的智能搜索系统，可以理解复杂语义、生成精准答案、支持多模态交互（如语音/图片搜索），并提供个性化知识推荐。下面使用百度搜索引擎的 AI 搜索功能搜索更多关于"十大励志人物"的相关信息，具体操作如下。

微课 5-3

百度的 AI 搜索

① 在百度搜索引擎的工具栏中单击 Ai+ 按钮，进入 AI 搜索界面。

② 在下方的聊天框中输入需要查询的内容，如输入"请详细阐述我国近年来十大励志人物的励志故事"文本，然后单击"发送"按钮 ⊕。

③ 此时百度 AI 将进行深度思考，并结合搜索到的资料进行回答，如图 5-6 所示。

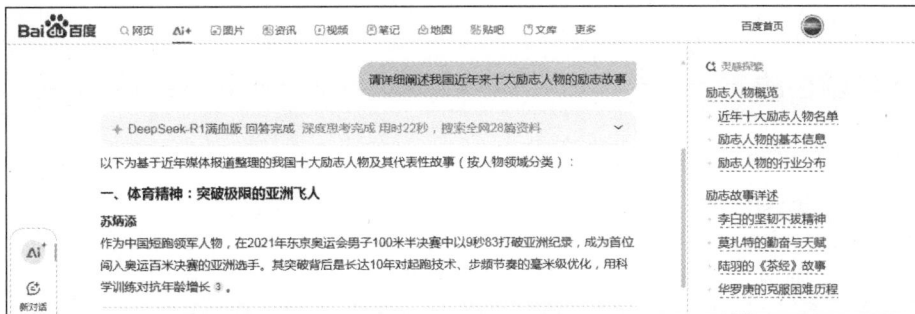

图 5-6　AI 搜索结果

4. 使用不同的搜索指令进行信息搜索

搜索引擎中收录的内容较多，用户可使用搜索指令进行精确搜索。下面在百度搜索引擎中使用 inurl 指令和 intitle 指令搜索"十大励志人物"的相关信息，具体操作如下。

① 在百度搜索引擎首页的搜索框中输入"inurl:励志"文本，然后按【Enter】键得到搜索结果，此时可以看到每个搜索结果的标题中都包含了"励志"文本，如图 5-7 所示。

② 删除搜索框中的文本，重新输入"inurl:励志 十大人物"文本，然后按【Enter】键得到搜索结果，此时可以看到每个搜索结果的标题中都包含了"励志"文本，并且部分搜索结果的标题中还包含了"十大人物"文本，如图 5-8 所示。

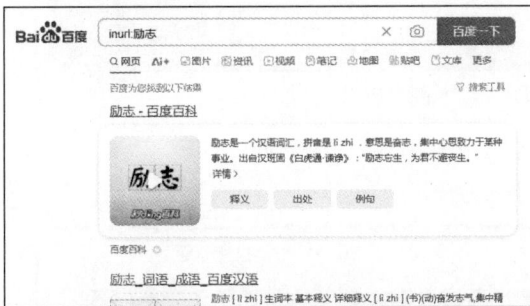

微课 5-4

使用不同的搜索指令进行信息搜索

图 5-7　输入"inurl:励志"文本后的搜索结果

图 5-8　输入"inurl:励志 十大人物"文本后的搜索结果

③ 删除搜索框中的文本，重新输入"intitle:"当今十大励志人物""文本，然后按【Enter】键得到搜索结果，此时可以看到搜索结果的标题中都包含了"当今十大励志人物"文本，如图 5-9 所示。

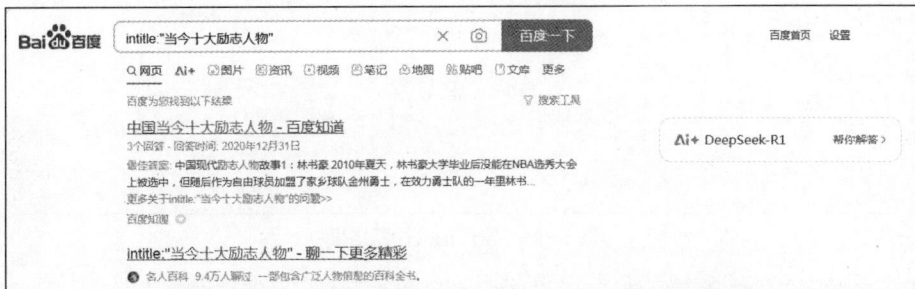

图 5-9　输入"intitle:"当今十大励志人物""文本后的搜索结果

实验二　在中国知网中检索人工智能

（一）实验目的

◆　掌握在专业网站中查询文献的方法。

（二）实验内容

中国知网（China National Knowledge Infrastructure，CNKI）是由清华大学、清华同方发起，以实现全社会知识资源传播共享与增值利用为目标的信息化建设项目。下面在中国知网中检索有关"人工智能"的信息，具体操作如下。

微课 5-5

在中国知网中检索人工智能

① 打开"中国知网"网站首页，单击"CNKI AI"选项卡，并在下方的搜索框中输入关键词"人工智能"，然后按【Enter】键或单击"检索"按钮▶，如图 5-10 所示。

图 5-10　输入关键词后单击"检索"按钮

② 在打开的页面中将以表格的形式显示检索结果，包括每篇文献的标题、作者、摘要、关键词、来源、发表时间等信息，如图 5-11 所示。

图 5-11　学位论文检索结果

③ 在"关键词"栏中单击任意"人工智能"超链接，可在打开的页面中查询"人工智能"一词的释义、相关词、相似词、关注度指数分析等，如图 5-12 所示。

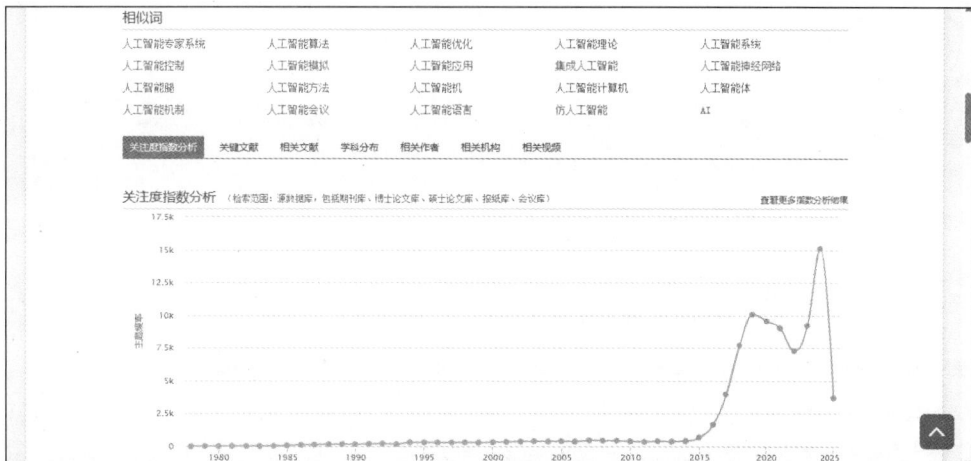

图 5-12　查询关键词

实验三　在万方数据知识服务平台中查询华为专利技术

（一）实验目的

◆　掌握在专利信息搜索网站中搜索信息的方法。

（二）实验内容

万方数据知识服务平台是国内一流的品质信息资源出版、增值服务平台，该平台覆盖自然科学、医药卫生、工程技术、社会科学等全学科领域，主要提供科技文献检索服务，针对生产、研发、创新人员提供技术文献支持。下面在万方数据知识服务平台中搜索"抬头显示系统"技术中与华为相关的专利信息，具体操作如下。

① 打开"万方数据知识服务平台"网站首页，单击"资源导航"栏中的"专利"超链接，然后在"万方智搜"搜索框中输入关键词"抬头显示系统 华为"，如图 5-13 所示，完成后单击"检索"按钮Q。

微课 5-6

在万方数据知识
服务平台中查询
华为专利技术

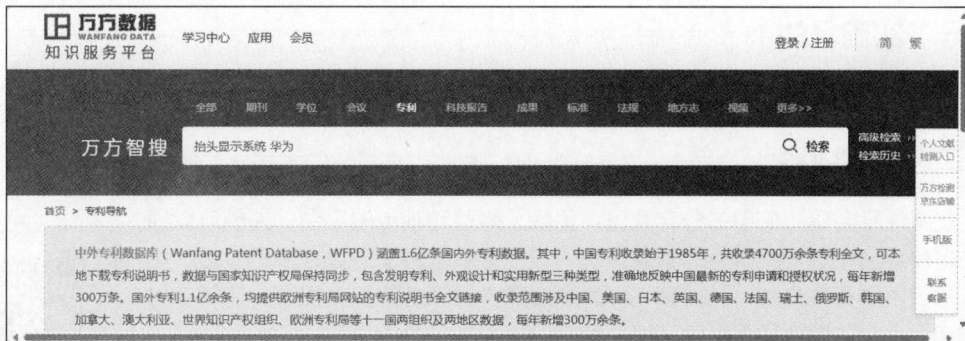

图 5-13　检索专利

② 在打开的页面中可以看到专利检索结果，包括每条专利的名称、专利权人、摘要等信息，如图 5-14 所示。单击专利名称，在打开的页面中可查看更详细的内容。

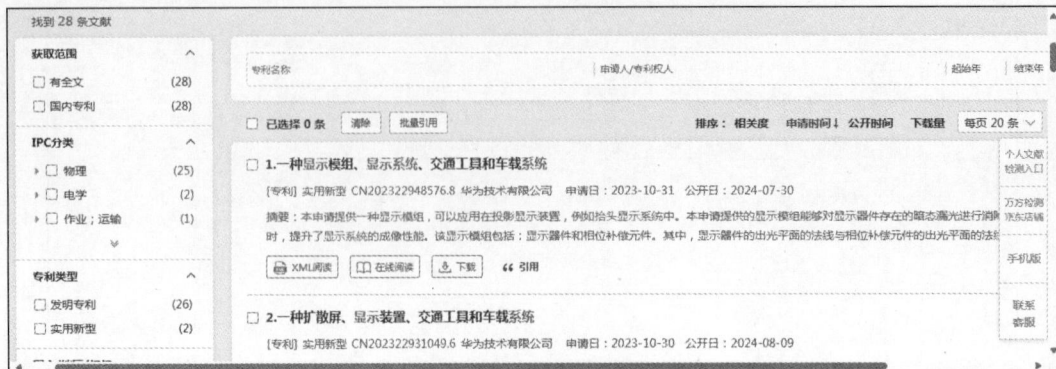

图 5-14　专利检索结果

③ 在左侧的"获取范围"栏中选中"有全文"复选框，在"有效性"栏中选中"有效"复选框，单击 确定 (2) 按钮后，可显示有全文且专利有效的检索结果，如图 5-15 所示。

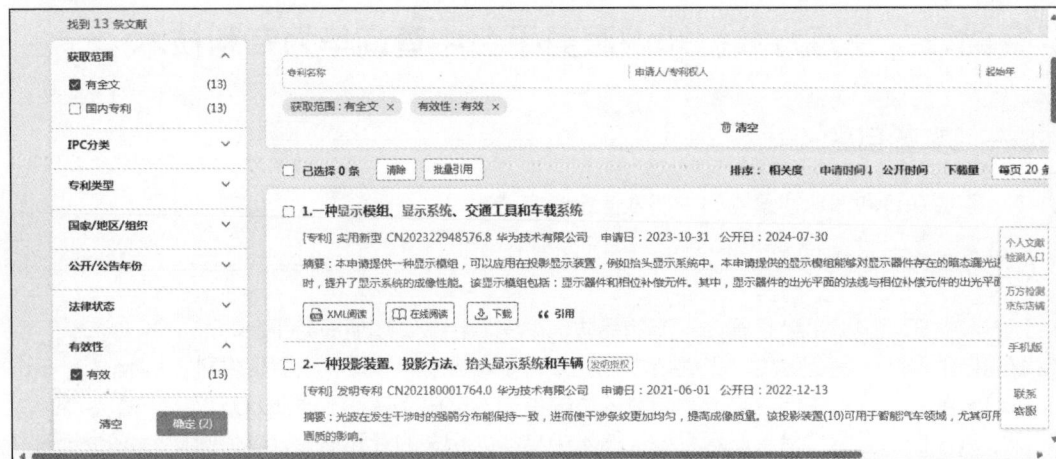

图 5-15　有全文且专利有效的检索结果

实验四　在社交媒体平台中搜索乡村旅游

（一）实验目的

◆　掌握在社交媒体中搜索信息的方法。

（二）实验内容

社交媒体平台是人们用来分享意见、见解、经验和观点的平台，人们可以通过社交媒体平台了解相关事件的实时情况，获取最新消息。下面在微信 App 中搜索乡村旅游的相关文章，在抖音 App 中搜索乡村旅游的相关视频，了解农村目前的变化，具体操作如下。

① 在手机中进入微信 App，点击微信 App 主界面右上角的"搜索"按钮 🔍，在打开界面的搜索框中输入关键词"乡村旅游"，如图 5-16 所示，点击"搜索"按钮。

微课 5-7

在社交媒体平台
中搜索乡村旅游

② 在打开的搜索结果界面中可看到包含"乡村旅游"关键词的搜索结果，点击"文章"选项卡，可显示仅包含"文章"类型的搜索结果，如图 5-17 所示。

图 5-16 输入搜索关键词

图 5-17 选择搜索类型

③ 打开抖音 App，点击抖音 App 主界面右上角的"搜索"按钮 🔍，在打开的搜索界面中输入关键词"乡村旅游"，如图 5-18 所示，点击"搜索"按钮 🔍。

④ 在打开的搜索结果界面中点击"视频"选项卡，可查看与乡村旅游相关的视频，如图 5-19所示。点击视频封面，可打开视频观看该视频内容，如图 5-20 所示。

图 5-18 输入搜索关键词

图 5-19 查看搜索结果

图 5-20 观看视频内容

############ **综合实践**

1. 按下列要求，在搜狗搜索引擎中搜索与"端午节"相关的信息。

① 搜索关键词为"端午节"，并在搜索结果中设置搜索时间为"一年内"。

② 使用 intitle 指令搜索关于"端午节的来历"的相关信息。

2. 按下列要求，在专业信息检索平台中搜索与"量子力学"相关的信息。

① 在"百度学术"网站中搜索与"量子力学"相关的文献，并设置时间为"2025 年以来"，领域为"物理学"。

② 在万方数据知识服务平台中搜索与"量子力学"相关的期刊，并设置年份为"2025"，学科分类为"工业技术"，然后在"专利"板块中查看"量子力学"的专利信息，并设置 IPC 分类为"物理"，专利类型为"发明专利"。

3. 按下列要求，在社交媒体平台中搜索与"北京故宫博物院"相关的信息。

① 在微博 App 中搜索与"北京故宫博物院"相关的信息。

② 在微信 App 中搜索与"北京故宫博物院"相关的文章。

③ 在抖音 App 中搜索与"北京故宫博物院"相关的视频。

项目六

感受新兴技术
——新一代信息技术概述

06

实验一 在电商平台购买图书《数学之美》

（一）实验目的

◆ 了解常用的电商平台。
◆ 掌握在电商平台购物的基本方法。

（二）实验内容

在电商平台购物是目前主流的购物方式之一，其中，京东商城、天猫、当当网等都是较有影响力和用户数量众多的电商平台。下面利用计算机在京东商城中购买人民邮电出版社出版的图书《数字之美》，切身感受电商发展给人们日常生活带来的影响，并掌握在电商平台购物的基本方法，具体操作如下。

微课 6-1

在电商平台购买
图书《数学之美》

① 在浏览器中搜索"京东"，进入其商城首页后，在页面左上方单击"你好，请登录"超链接，如图 6-1 所示（若没有京东商城的账号，则可单击"免费注册"超链接，在打开的页面中注册账号）。

② 进入"京东——欢迎登录"页面，在"密码登录"页面中输入京东商城的账号和密码，如图 6-2 所示，然后单击 登录 按钮进行登录。

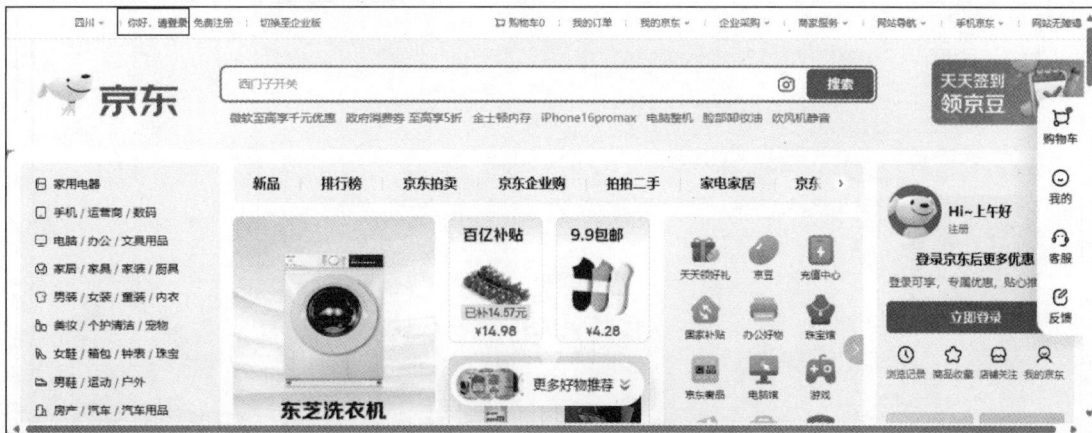

图 6-1 单击"你好，请登录"超链接

③ 登录成功后将自动返回京东商城首页，在左侧的分类列表中单击"图书"超链接，在打开页面上方的搜索栏中输入书名"数学之美"，如图 6-3 所示，然后单击 搜索 按钮或按【Enter】键。

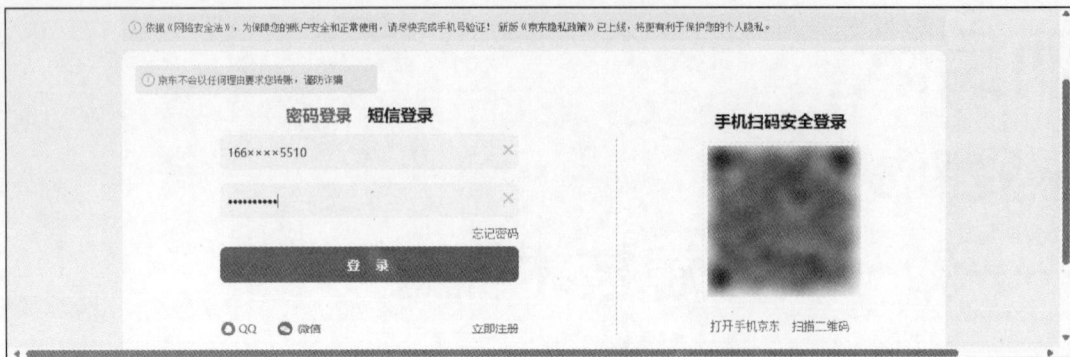

图6-2 登录京东商城

图6-3 输入关键词

④ 打开搜索结果页面，在页面上方列表中的"出版社"栏中单击"人民邮电出版社"超链接进入搜索结果页面，其中包含了符合搜索条件的图书，如图6-4所示，这里单击第1个图书封面。

图6-4 符合搜索条件的图书

⑤ 打开商品详情页面，如图6-5所示，在该页面中可以浏览商品的详细信息，确认图书符合自己的购买需求后，单击 加入购物车 按钮。

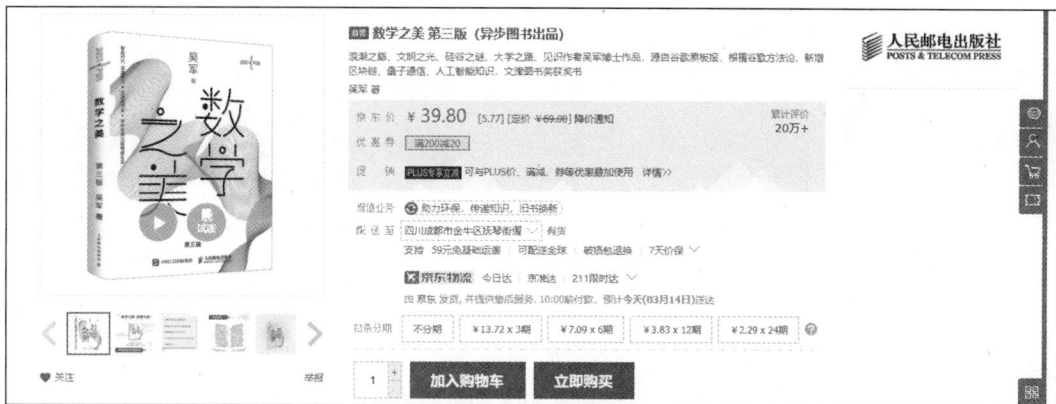

图6-5　商品详情页面

⑥ 打开"京东商城——购物车"页面，如图 6-6 所示，选中需要购买商品前的复选框，然后单击 去结算 按钮。

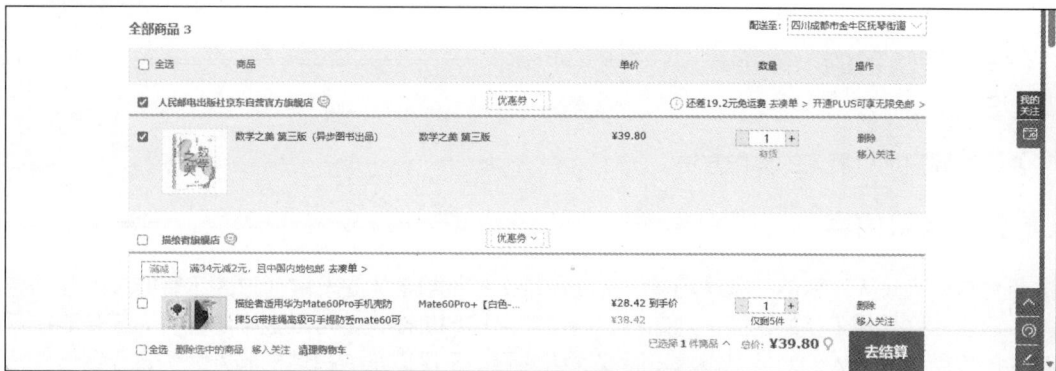

图6-6　"京东商城——购物车"页面

⑦ 打开"订单结算页——京东商城"页面，单击"新增收货地址"超链接，打开"新增收货人信息"对话框，在"所在地区""收货人""详细地址""手机号码"文本框中输入对应的信息，如图 6-7 所示，单击 保存收货人信息 按钮添加收货地址。

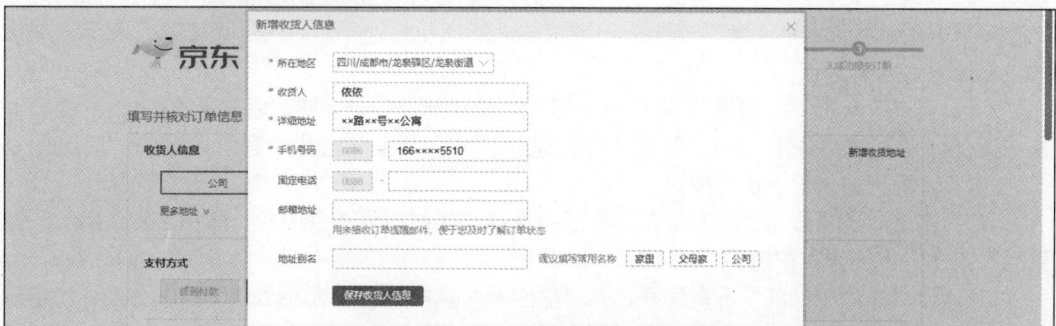

图6-7　新增收货地址

⑧ 返回"订单结算页——京东商城"页面，在"支付方式"栏中选择"在线支付"选项，在"送货清单"栏中选择"京东快递"选项，如图 6-8 所示，然后单击页面下方的 提交订单 按钮，在打开的"收银台"页面中包含多种支付方式，选择所需支付方式后，按照提示输入支付密码完成支付。

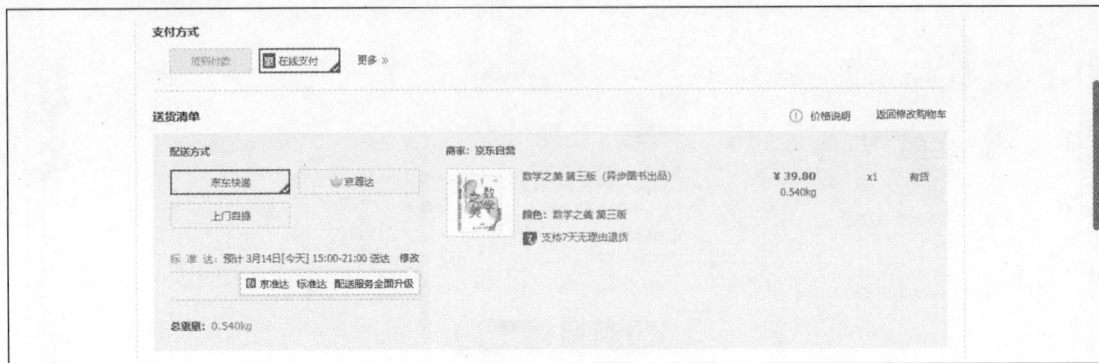

图 6-8　商品支付

实验二　操作扫地机器人

（一）实验目的

◆　了解人工智能。
◆　掌握扫地机器人的操作方法。

（二）实验内容

扫地机器人是人工智能在家居场景的实践应用。扫地机器人是一种通过人工智能技术自动完成清扫、吸尘、擦地等工作的智能家用电器。通过使用扫地机器人，可以更好地理解人工智能在日常生活中的应用，提高人们对信息技术发展的深切感受。下面以米家扫地机器人为例，介绍操作扫地机器人的方法。

1.　连接扫地机器人

使用扫地机器人前需要先关联扫地机器人与智能控制端口（即手机 App）。本实验要操作的米家扫地机器人需要在手机中下载并安装米家 App，然后再进行连接操作，具体操作如下。

①　按下米家扫地机器人机身上的电源键进行开机，待听到开机音乐后，表示扫地机器人开机成功。打开米家扫地机器人的上盖，当米家扫地机器人的指示灯处于蓝灯闪烁状态时，表示米家扫地机器人已处于待连接状态。

②　手机连接 Wi-Fi 后，打开米家 App 并注册、登录账号，登录成功后在米家 App 界面右上角点击"添加设备"按钮 ➕，打开"添加米家扫地机器人"界面，选中"蓝灯闪烁中"单选项，如图 6-9 所示，再点击"下一步"按钮。

③　在打开的"选择设备工作 Wi-Fi"界面中选择与手机相同的 Wi-Fi，如图 6-10 所示，输入密码后，点击"下一步"按钮。

④　切换到"无线局域网"设置界面，此时将出现米家扫地机器人（rockrobo-vacuum 字母开头）网络，如图 6-11 所示，然后选择该网络并将其连接到手机。

⑤　在手机中切换到米家 App，此时米家 App 会提示修改备注名，修改完成后点击"开始体验"按钮，等待 App 下载米家扫地机器人的插件。

⑥　点击"下一步"按钮，再点击"立即体验"按钮，进入米家扫地机器人主界面，最后点击"同意并继续"按钮，完成 Wi-Fi 连接并使用米家扫地机器人。

图 6-9　准备连接扫地机器人　　　图 6-10　选择设备工作 Wi-Fi　　　图 6-11　选择扫地机器人网络

2. 使用扫地机器人

　　成功连接扫地机器人后，短按扫地机器人机身上的启动键可使其进入自动清扫模式，此时扫地机器人会自动沿着房屋轮廓进行清扫，清扫完成后自动在 App 中生成房屋地图。此时用户才能使用米家 App 操控扫地机器人，具体操作如下。

　　① 打开米家 App，在 App 主界面中可以看到已经连接的米家扫地机器人的图标，如图 6-12 所示，点击扫地机器人图标。

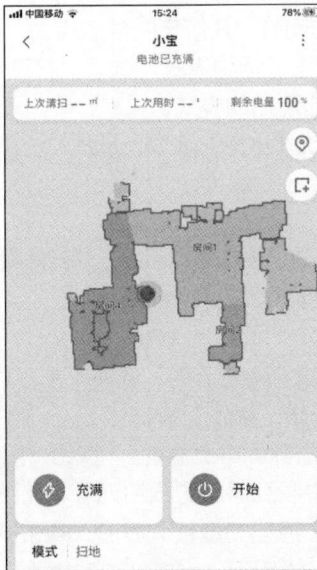

　　② 进入米家扫地机器人的操作界面，在该界面中可以看到扫地机器人当前的状态，点击"模式"选项，设置为扫地模式，如图 6-13 所示。

　　③ 在"模式"栏中点击"扫拖"选项，设置力度为"标准"，在"水量"栏中设置水量挡位为"2 挡"，如图 6-14 所示，然后点击"开始"图标⚫开始清扫。

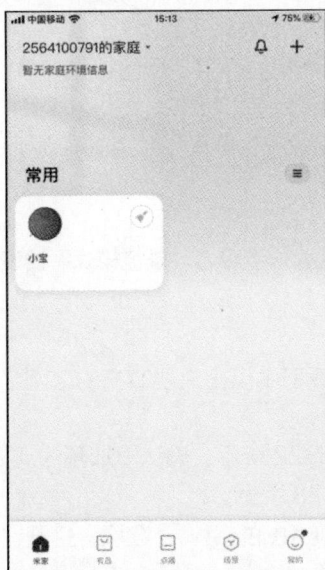

图 6-12　扫地机器人图标　　　图 6-13　设置扫地机器人模式　　　图 6-14　设置扫拖模式

④ 点击米家扫地机器人操作界面右上角的"设置"图标∶，打开"设置"界面，如图6-15所示，点击界面下方的"预约清扫"选项。

⑤ 打开"预约清扫"界面，如图6-16所示，点击界面右下角的"添加预约"按钮⊕。

⑥ 在打开的界面中点击"重复"选项，打开"自定义重复"界面，选中对应的单选项，如图6-17所示，然后点击"确定"按钮确认设置。

图6-15 "设置"界面　　　图6-16 "预约清扫"界面　　　图6-17 自定义重复日期

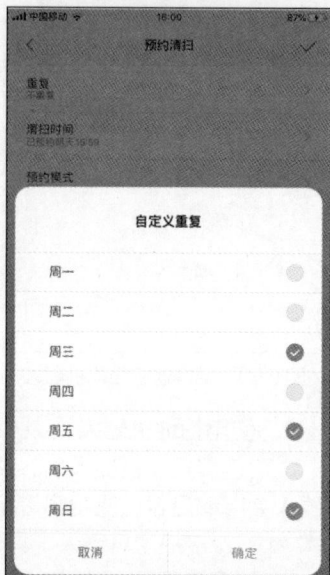

提示 在"设置"界面中点击"清扫记录"选项，可在打开的界面中查看该扫地机器人过去执行过的清扫记录。

⑦ 返回"预约清扫"界面，点击"清扫时间"选项，打开"预约时间"界面，滑动时间选项设置清扫时间，如"18时30分"，如图6-18所示，然后点击"确定"按钮。

⑧ 返回"预约清扫"界面，点击"预约模式"选项，打开"选择预约任务"界面，如图6-19所示，点击"单拖"选项，设置预约清扫的模式。

⑨ 返回"预约清扫"界面，点击"水量"选项，打开"选择水量大小"界面，如图6-20所示，点击"2挡"选项，设置拖地的水量。

提示 选择的预约模式不同，其后的设置选项也不同，如扫地模式需要设置吸力，单拖模式需要设置水量，扫拖模式则需要同时设置吸力和水量。

⑩ 返回"预约清扫"界面，点击"清扫范围"选项，在打开的界面中点击需要清扫的范围区域"房间1"，如图6-21所示，然后点击"确定"按钮。

⑪ 返回"预约清扫"界面，点击界面右上角的✓按钮，如图6-22所示，确认添加预约清扫。此时可在打开的"预约清扫"界面中看到添加的预约记录，如图6-23所示。

⑫ 点击界面左上角的〈按钮，返回"设置"界面，点击"单拖和扫拖模式"选项，打开"选择单拖和扫拖模式"界面，如图6-24所示，点击"Y形模式"选项。

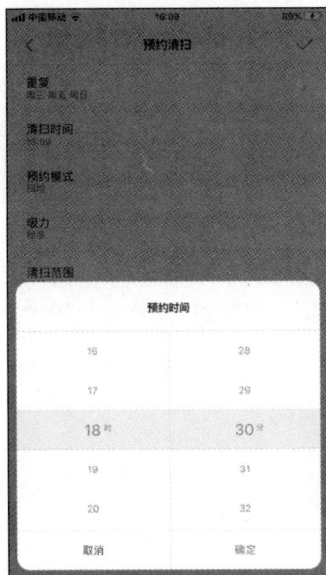

图 6-18 设置预约时间

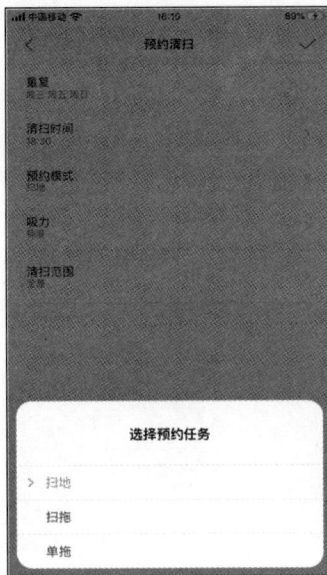

图 6-19 "选择预约任务"界面

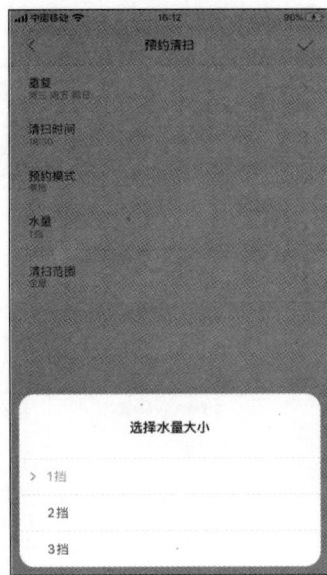

图 6-20 "选择水量大小"界面

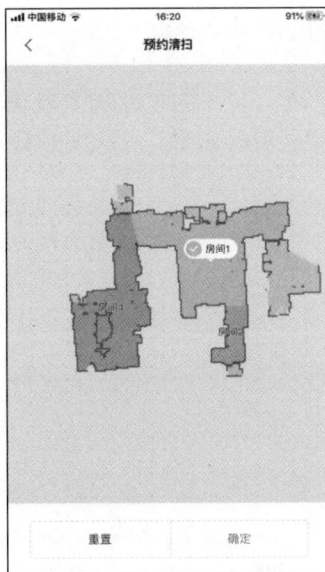

图 6-21 设置清扫范围

图 6-22 确认添加预约清扫

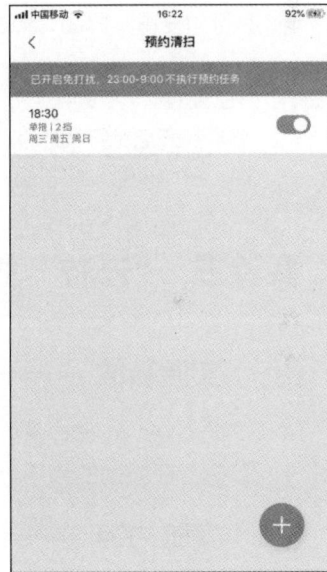

图 6-23 查看预约清扫记录

⑬ 返回"设置"界面，点击"虚拟墙/禁区"选项，打开"虚拟墙/禁区"界面，点击"添加虚拟墙"按钮✐，地图上将出现一条红色的线，使用手指拖曳该线条，调整其位置和大小，以设置虚拟墙的位置，如图 6-25 所示。

⑭ 点击"添加禁区"按钮▣，地图上将出现一块红色的区域，使用手指拖曳该区域，调整其位置和大小。再次点击"添加禁区"按钮▣，可再添加一块红色的区域，添加禁区设置完成后，点击界面右上角的 ✓ 按钮，如图 6-26 所示。

> **提示** 虚拟墙即虚拟的墙壁，设置虚拟墙后扫地机器人在清扫过程中会自动绕开。禁区即禁止清扫的区域，设置禁区后扫地机器人在清扫过程中不会进入该区域。

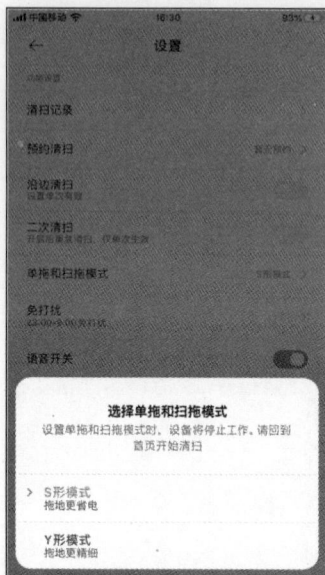

图 6-24 "选择单拖和扫拖模式"界面　　图 6-25 添加虚拟墙　　图 6-26 添加禁区

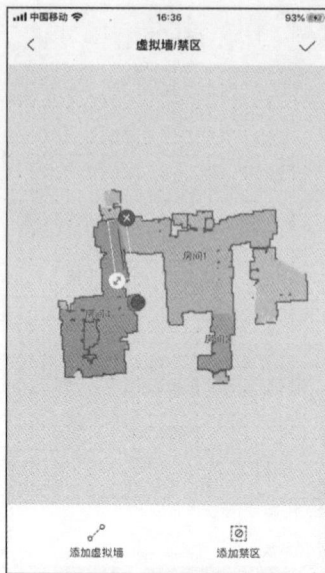

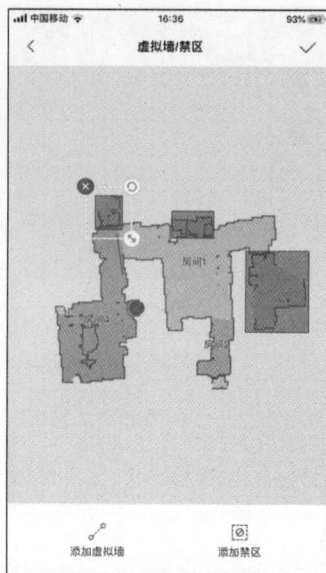

⑮ 返回"设置"界面，点击界面左上角的 ← 按钮，完成米家扫地机器人的设置。

> **提示** 在"设置"界面中点击"免打扰"选项，打开"免打扰设置"界面，可开启或关闭免打扰功
> 能。若开启免打扰功能，则可设置免打扰的开始时间和结束时间，设置完成后，在该时间段
> 内，扫地机器人将不再执行清扫操作。

实验三 "云游"故宫博物院

（一）实验目的

◆ 了解 VR、AI 等数字化技术。
◆ 掌握 VR 技术的应用。

（二）实验内容

　　"云游"博物馆是一项采用 VR 全景技术构建的交互沉浸式体验，提高了趣
味性，增强了体验感，掀起了公众到博物馆等文化机构参观学习的热潮。该虚拟
技术不仅能让沉睡的文物"活"起来，还能让公众足不出户就能沉浸式云游其中，
以此来满足大众日益增长的文化需求。下面在"故宫博物院"小程序中游览故宫
博物院，具体操作如下。

微课 6-2

"云游"故宫
博物院

　　① 打开手机中的微信 App，点击屏幕上方的搜索框，输入关键词"故宫博
物院"后，再点击手机输入键盘中的"搜索"按钮 🔍 。
　　② 进入"故宫博物院"小程序的"推荐"界面，如图 6-27 所示，点击界面下方导航条中的"游
故宫"按钮 🏛 。
　　③ 打开"游故宫"界面，如图 6-28 所示，用手指滑动界面直至底部，然后点击"全景故宫"
栏中的 立即体验 > 按钮，进入"全景故宫"首页，如图 6-29 所示，点击 探秘故宫 按钮。

图 6-27 "推荐"界面

图 6-28 "游故宫"界面

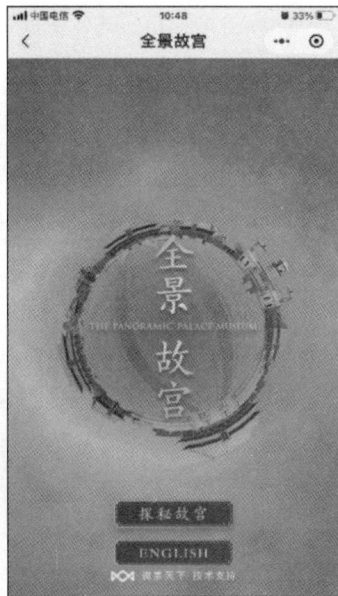

图 6-29 "全景故宫"界面

④ 打开"全景故宫"界面，点击界面底部的浮动条，可以查看故宫博物院的简介；这里点击界面右下角的"缩略图"按钮 ，如图 6-30 所示。

⑤ 在打开的缩略图界面中显示了故宫的整体布局，如图 6-31 所示，点击界面右下角的"放大"按钮 可以放大缩略图，以便查看每一个宫殿的详细布局。

⑥ 详细的故宫布局界面如图 6-32 所示，点击"延禧宫"对应的宫殿图标。

图 6-30 点击"缩略图"按钮

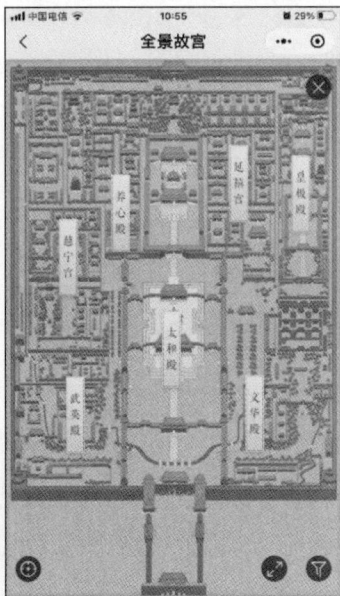

图 6-31 缩略图界面

图 6-32 详细的故宫布局界面

⑦ 进入"延禧宫"门前，用手指滑动界面，便可 360 度全方位浏览宫殿中各个院落的景色，如图 6-33 所示。

⑧ 点击界面右侧的"变换"按钮 🖼️，将季节变换为秋天，如图 6-34 所示，然后点击界面底部的"钟粹宫"图标。

图 6-33　360 度查看宫殿全景

图 6-34　将季节变换为秋天

> **提示**　如果用户感觉手动浏览故宫比较麻烦，则可以开启"自动浏览"功能来浏览故宫，其方法为：通过小程序进入"全景故宫"界面后，点击界面右上方的"自动"按钮 ⚙️，启用"自动浏览"功能。这样每当用户进入某个院落时，手机就会自动播放该院落的每个位置，无须再滑动界面。

⑨ 打开"钟粹宫"界面，如图 6-35 所示，点击"钟粹宫门前"按钮，进入宫殿，然后点击"自动"按钮 ⚙️，进入自动浏览模式，如图 6-36 所示。

⑩ 点击底部的"介绍"按钮 ✨，在打开的界面中可显示该宫殿的详细介绍，如图 6-37 所示。

图 6-35　"钟粹宫"界面

图 6-36　进入自动浏览模式

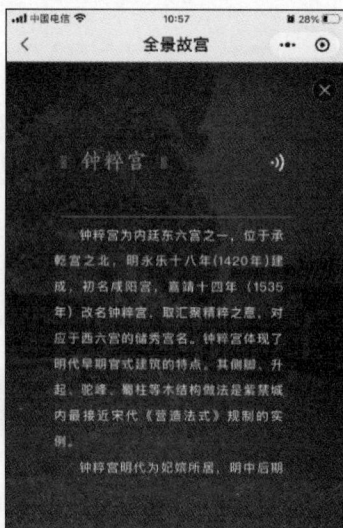

图 6-37　查看宫殿的详细介绍

综合实践

1. 按下列要求在电商平台购买商品。

① 使用个人计算机登录淘宝网，单击主题市场中"数码"分类对应的超链接。

② 在搜索结果页面中设置筛选条件为"正品保证""赠送退货运费险"。

③ 单击第 1 个商品，浏览商品详情页面，然后将商品加入购物车。

2. 按下列要求在"故宫博物院"小程序中"云游"太和殿。

① 打开手机微信 App，在搜索框中输入关键词"故宫博物院"，然后点击"搜索"按钮。

② 进入"故宫博物院"小程序后，点击"游故宫"按钮，进入"全景故宫"界面。

③ 点击"太和殿"按钮，根据界面上显示的提示按钮依次点击，开始游览太和殿。

3. 按下列要求操作哈啰单车。

① 下载并安装哈啰 App，然后注册并登录账号。

② 扫描哈啰单车上的二维码开锁并骑行两千米。

③ 骑行结束后关闭车锁并进行结算。

4. 按下列要求进行手机投屏操作。

① 在手机中下载可以播放视频的 App，如优酷、爱奇艺、腾讯视频等。

② 确保手机和投屏电视连接的是同一个 Wi-Fi，然后使用手机播放想要投放的电影。

③ 将电影成功投放到电视中。

项目七
提升个人素质
——信息素养与社会责任

07

//// **实验一** 设置防火墙

（一）实验目的

◆ 了解设置防火墙的重要性。
◆ 掌握启用 Windows 防火墙的操作方法。

（二）实验内容

互联网给人们带来便利的同时，也让人们处在网络安全隐患的威胁中。尤其是人们在使用计算机的过程中，很容易受到外部干扰而造成数据的丢失。因此，了解并设置计算机防火墙是非常重要的。防火墙是协助用户确保信息安全的硬件或者软件，使用防火墙可以过滤不安全的网络访问服务，提高上网的安全性。下面启用 Windows 11 的防火墙功能，具体操作如下。

微课 7-1

设置防火墙

① 单击"开始"按钮▦，在打开的"开始"菜单中单击"设置"按钮⚙，打开"设置"窗口，在左侧单击"隐私和安全性"选项卡，打开"隐私和安全性"窗口，如图 7-1 所示，在右侧选择"Windows 安全中心"选项。

② 打开"Windows 安全中心"窗口，在"保护区域"栏中选择"防火墙和网络保护"选项，如图 7-2 所示。

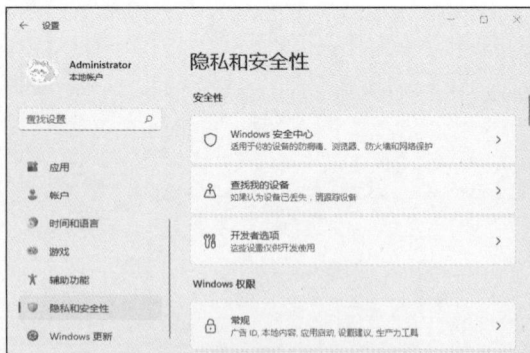

图 7-1 "隐私和安全性"窗口

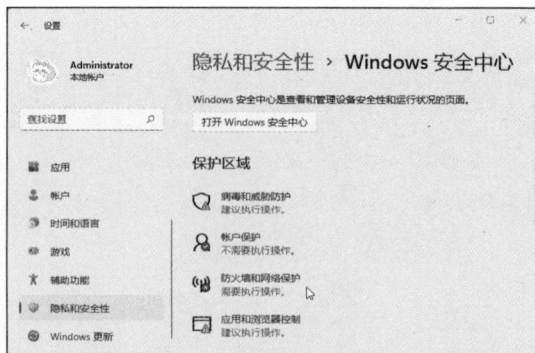

图 7-2 选择"防火墙和网络保护"选项

③ 打开"防火墙和网络保护"窗口，在"域网络"超链接下方单击 ▢打开 按钮，启动 Windows 11 的防火墙功能，如图 7-3 所示。

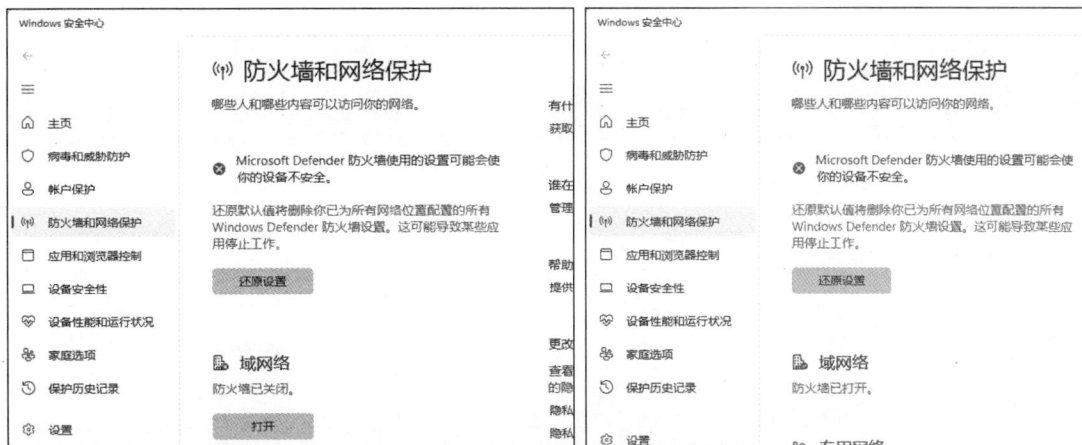

图 7-3　开启 Windows 防火墙功能

实验二　备份与恢复数据

（一）实验目的

◆　了解备份数据的重要性。
◆　掌握备份与恢复数据的方法。

（二）实验内容

不管是针对个人还是企业，数据备份都是非常重要的，因为在使用计算机的过程中可能会因为一些错误操作而造成重要数据、文件的丢失，甚至是系统的崩溃。所以，为了避免出现这种情况，用户应定期做好系统和文件的备份工作，以免造成不可挽回的损失。

1. 系统备份和还原

在使用计算机的过程中，要注意对计算机系统进行备份，避免系统遭到破坏或出现错误时导致数据丢失。下面对系统进行备份和还原操作，具体操作如下。

微课 7-2

系统备份和还原

① 在计算机桌面上的"此电脑"图标 ▇ 上单击鼠标右键，在弹出的快捷菜单中选择"属性"命令，打开"系统信息"窗口，在其中单击"系统保护"超链接，如图 7-4 所示。

② 打开"系统属性"对话框，单击"系统保护"选项卡，在"保护设置"栏中的"可用驱动器"列表框中选择需要备份的磁盘，如"本地磁盘(C:)(系统)"选项，如图 7-5 所示，然后单击 配置(O)... 按钮。

③ 打开"系统保护本地磁盘(C:)"对话框，在"还原设置"栏中选中"启用系统保护"单选项，如图 7-6 所示，然后单击 确定(O) 按钮。

④ 返回"系统属性"对话框，单击 创建(C)... 按钮，打开"系统保护"对话框，在"创建还原点"文本框中输入便于识别的还原点名称，如"25-4-2"，如图 7-7 所示，然后单击 创建(C) 按钮开始创建还原点。

图 7-4　单击"系统保护"超链接

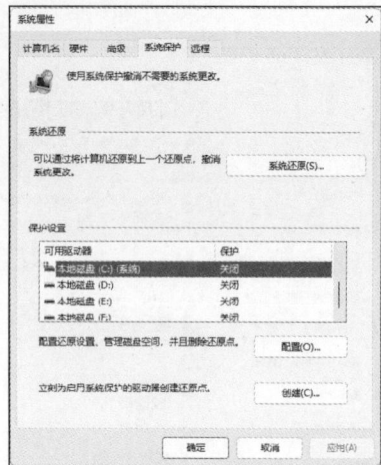

图 7-5　选择需要备份的磁盘

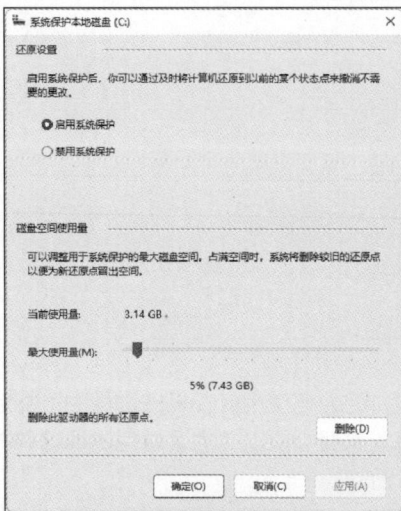

图 7-6　设置备份的方式

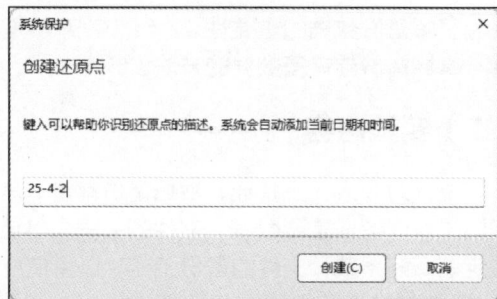

图 7-7　创建还原点

⑤ 此时，系统将开始创建还原点，如图 7-8 所示。当系统提示"已成功创建还原点"时，单击 关闭(O) 按钮完成还原点的创建，然后返回"系统属性"对话框，单击 确定(O) 按钮完成操作。

> **提示**　还原点可快速将系统还原到创建的还原点状态，但只适用于还原系统因软件或设置而造成的系统故障，当系统崩溃或不能进入系统时则不能使用。因此，用户可以使用系统工具来备份和还原系统，如一键 Ghost。一键 Ghost 可以将某个磁盘分区或整个磁盘上的内容完全镜像备份，再通过相应位置的映像文件对系统进行还原。一键 Ghost 备份与还原系统通常都在 DOS 状态下使用，因为该状态可以避免不能进入系统而无法还原的问题。

⑥ 需要还原系统时，打开"系统属性"对话框，在"系统保护"选项卡中单击 系统还原(S)... 按钮，打开"系统还原"对话框，如图 7-9 所示，在其中单击 下一页(N) > 按钮。

⑦ 在打开界面的"当前时区"列表框中选择需要还原的状态，如图 7-10 所示，然后单击 下一页(N) > 按钮。

⑧ 打开"系统还原"对话框的"确认还原点"界面，如图 7-11 所示，单击 完成 按钮进行系统的还原。操作完成后用户便可正常使用系统。

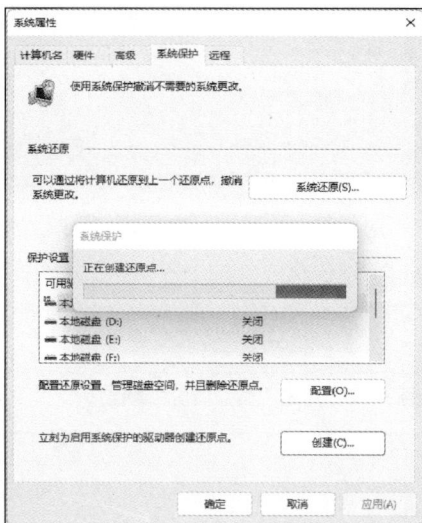

图 7-8　开始创建还原点

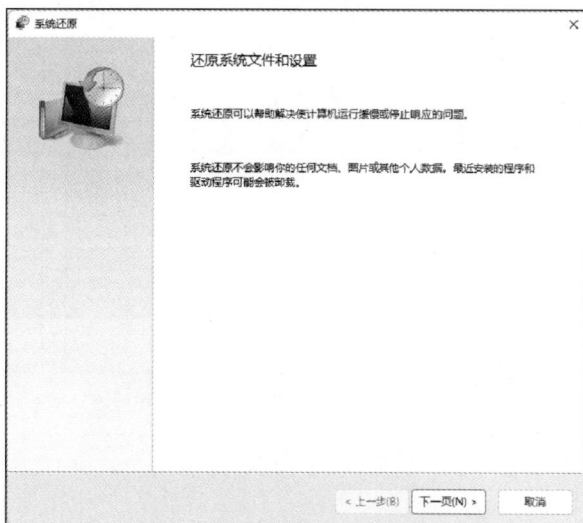

图 7-9　"系统还原"对话框

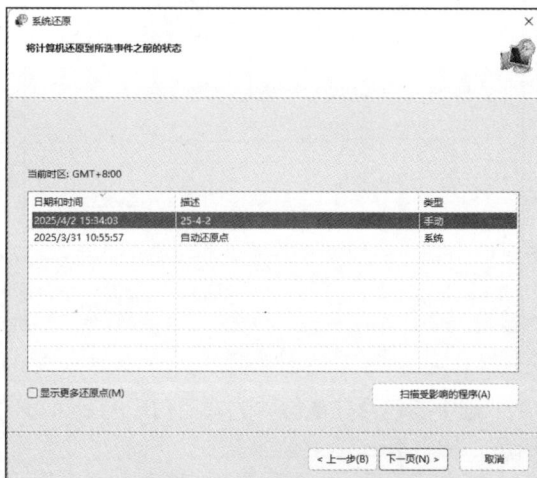

图 7-10　选择需要还原的状态

图 7-11　"确认还原点"界面

2. 文件备份和还原

计算机中需要备份的数据除了系统外，还包括文件。一般情况下只需要备份 C 盘（系统盘）中的文件即可。若只需对文件进行备份，则可以使用 Windows 11 系统自带的文件备份和还原功能。下面在 Windows 11 中进行文件备份和还原，具体操作如下。

① 在计算机桌面上双击"控制面板"按钮，打开"所有控制面板项"窗口，在其中单击"备份和还原(Windows 7)"超链接，如图 7-12 所示。

② 打开"备份和还原(Windows 7)"窗口，单击"备份"栏中的"设置备份"超链接，如图 7-13 所示。

③ 打开"选择要保存备份的位置"界面，在"保存备份的位置"列表框中选择备份文件的保存位置，如图 7-14 所示，然后单击 下一步(N) 按钮。

④ 打开"你希望备份哪些内容？"界面，选中"让我选择"单选项，如图 7-15 所示，然后单击 下一步(N) 按钮。

微课 7-3
文件备份和还原

103

图 7-12　单击"备份和还原(Windows 7)"超链接

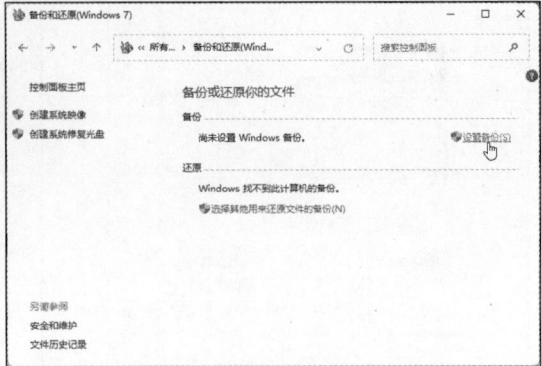

图 7-13　单击"设置备份"超链接

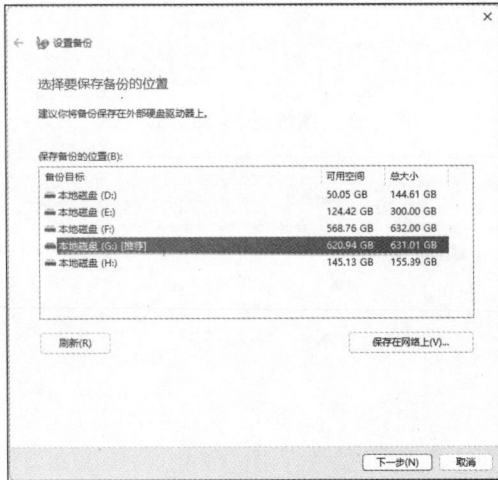

图 7-14　选择要保存备份文件的位置

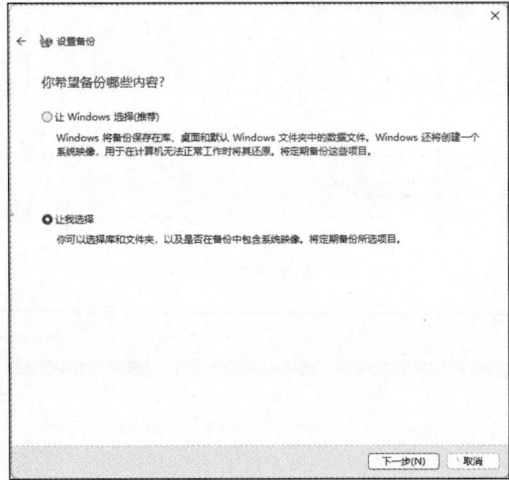

图 7-15　选择备份的方式

⑤ 在展开的"你希望备份哪些内容？"界面中的"选中要包含在备份中的项目对应的复选框。"列表框中选中需要备份项目的复选框，如图 7-16 所示，然后单击 下一步(N) 按钮。

⑥ 打开"查看备份设置"界面，确认设置无误后，单击 保存设置并运行备份(S) 按钮，如图 7-17 所示。

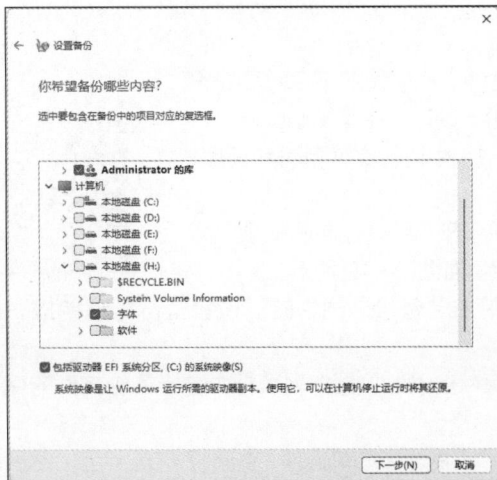

图 7-16　选择要备份的项目

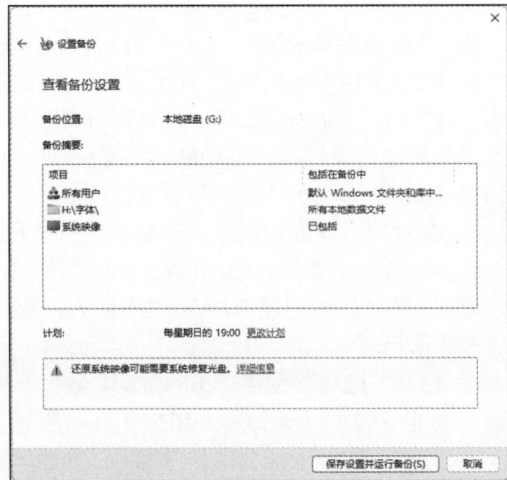

图 7-17　保存设置并进行备份

⑦ 此时系统将返回"备份和还原(Windows 7)"窗口，并自动进行备份，如图 7-18 所示。等待一段时间后，将显示"备份已完成"提示消息。

⑧ 需要还原文件时，打开"备份和还原(Windows 7)"窗口，在该窗口的"还原"栏中单击 还原我的文件(R) 按钮，如图 7-19 所示。

图 7-18　正在备份

图 7-19　单击"还原我的文件"按钮

⑨ 打开"浏览或搜索要还原的文件和文件夹的备份"界面，单击 浏览文件夹(O) 按钮，打开"浏览文件夹或驱动器的备份"对话框，在其中选择需要还原的文件夹，如图 7-20 所示，单击 添加文件夹(O) 按钮。

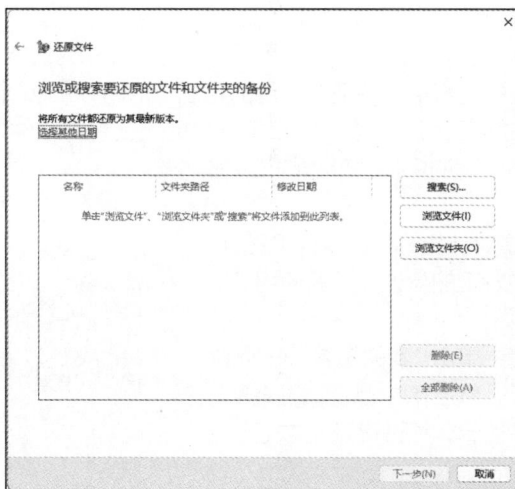

图 7-20　浏览并选择需要还原的文件夹

⑩ 返回"浏览或搜索要还原的文件和文件夹的备份"界面，单击 下一步(N) 按钮，在打开的"你想在何处还原文件？"界面中选中"在以下位置"单选项，并在其下方的文本框中输入文件路径，如图 7-21 所示，然后单击 还原(R) 按钮进行还原。

> **提示**　若需要还原某个文件夹中的所有文件，则应在"浏览或搜索要还原的文件和文件夹的备份"界面中单击 浏览文件夹(O) 按钮，然后在打开的对话框中选择文件夹进行还原；若只想还原某一个文件，则应在"浏览或搜索要还原的文件和文件夹的备份"界面中单击 浏览文件(I) 按钮，然后在打开的对话框中选择某个文件进行还原。

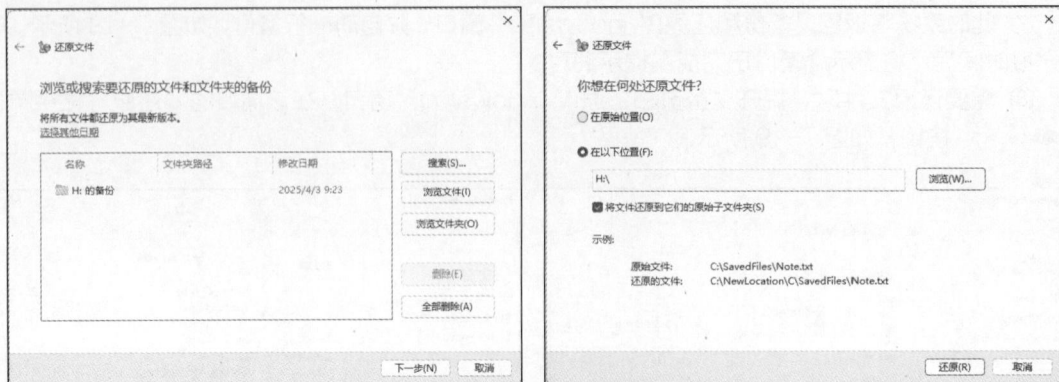

图 7-21　执行还原操作

实验三　使用 360 安全卫士保护计算机

（一）实验目的

◆　了解保护计算机的重要性。
◆　掌握使用工具软件保护计算机的方法。

（二）实验内容

在使用计算机的过程中，用户要注意保护计算机，定期对计算机进行体检，了解计算机的性能，及时发现并处理计算机出现的问题，以延长计算机的使用寿命，保证其性能的稳定。使用 360 安全卫士保护计算机是一种比较常见的保护方法。360 安全卫士是奇虎 360 公司推出的安全杀毒软件，具有使用方便、应用全面、功能强大等特点，是较为常用的保护计算机的工具软件之一。

1. 对计算机进行体检

利用 360 安全卫士对计算机进行体检，实际上是对计算机进行全面的扫描，让用户了解计算机当前的使用状况，并提供安全维护方面的建议。下面使用 360 安全卫士对计算机进行体检，具体操作如下。

① 启动 360 安全卫士，在 360 安全卫士主界面中单击"我的电脑"选项卡，此时将显示当前计算机的体检状态，如图 7-22 所示，然后单击 立即体检 按钮。

② 360 安全卫士将对计算机进行扫描体检，并显示体检进度及动态显示检测结果，扫描完成后单击 一键修复 按钮，如图 7-23 所示。

微课 7-4

对计算机进行
体检

图 7-22　计算机体检状态

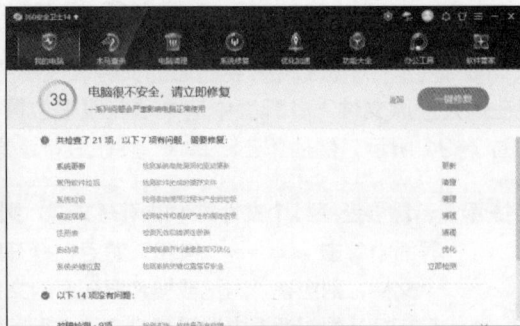

图 7-23　一键修复

③ 360 安全卫士将自动修复计算机中存在的问题，修复完成后将在图 7-24 所示的界面中显示修复信息，然后单击 完成 按钮完成修复。

图 7-24　完成修复

2. 木马查杀

360 安全卫士提供了木马查杀功能，使用该功能可对计算机进行扫描并查杀木马文件，实时保护计算机。下面使用 360 安全卫士的木马查杀功能检查计算机中是否存在木马病毒，具体操作如下。

① 启动 360 安全卫士，单击主界面中的"木马查杀"选项卡，如图 7-25 所示，然后单击 快速查杀 按钮，对计算机进行扫描。

② 扫描完成后将显示扫描结果，并将可能存在风险的项目罗列出来，如图 7-26 所示，单击 一键处理 按钮处理安全威胁。处理完成后单击 稍后我自行重启 按钮，稍后需要进行重启计算机操作，计算机重启后才能彻底处理完成。

图 7-25　"木马查杀"选项卡

图 7-26　扫描结果

> **提示**　在"木马查杀"界面底部单击 全盘查杀 按钮，可对整个硬盘进行木马查杀；单击 按位置查杀 按钮，可对指定位置进行木马查杀。

3. 清理系统垃圾与痕迹

计算机中残留的无用文件和浏览网页时产生的垃圾文件，以及网页搜索内容和注册表单等痕迹信息将会给系统增加负担。下面使用 360 安全卫士清理这些系统垃圾与痕迹信息，具体操作如下。

① 启动 360 安全卫士，单击主界面中的"电脑清理"选项卡，然后单击 一键清理 按钮，如图 7-27 所示，对计算机进行扫描。

② 扫描完成后软件将自动选择删除后对系统或文件没有影响的项目。此时，用户可单击未选中的项目下方的"详情"按钮，自行清理其他项目，这里单击"可选清理插件"项目下方的"详情"按钮，如图 7-28 所示。

③ 打开的对话框中出现了"清理可能导致部分软件不可用或功能异常"的提示信息，如图 7-29 所示，用户需要自行判断。选中相应插件前的复选框后单击 清理 按钮进行清理。

微课 7-5

木马查杀

微课 7-6

清理系统垃圾与痕迹

图 7-27　一键清理

图 7-28　查看详情

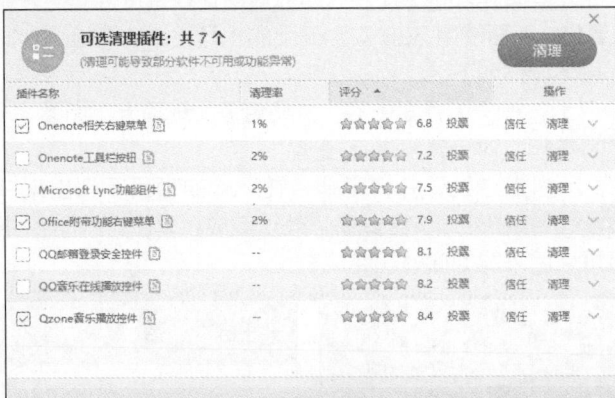

图 7-29　自定义清理

④ 清理完成后，单击"关闭"按钮✕关闭该对话框，返回"电脑清理"界面，单击 一键清理 按钮清理垃圾。

4．修复系统漏洞

360 安全卫士的系统修复功能主要用于修复系统漏洞，防止非法用户将病毒或木马植入漏洞中并窃取计算机中的重要资料，或者破坏系统，使计算机无法正常运行。下面使用 360 安全卫士修复系统漏洞，具体操作如下。

① 启动 360 安全卫士，单击主界面中的"系统修复"选项卡，如图 7-30 所示，然后单击 一键修复 按钮。

② 此时软件将自动开始检测当前计算机是否存在漏洞，并将扫描结果显示在当前界面中，如图 7-31 所示，单击 一键修复 按钮，360 安全卫士将自动对漏洞进行修复。

微课 7-7

修复系统漏洞

图 7-30　"系统修复"选项卡

图 7-31　扫描结果

实验四 测试 App 是否过度收集个人信息

（一）实验目的

◆ 了解各类 App 收集个人信息的现状。

◆ 测试自己的个人信息是否被过度收集。

◆ 提高个人隐私的保护意识。

（二）实验内容

如今，智能手机已经成为人们生活和工作中不可缺少的一部分。通过智能手机，用户只需安装各种 App 即可获得相应的网络服务。但用户在享受各种网络便利的同时，部分手机 App 过度收集、违规使用个人信息，大量个人隐私信息泄露或被窃取的现象时常发生。下面提供了一份调查问卷表，通过该问卷表，用户可以测试自己的个人信息是否存在被过度收集的可能。

个人信息泄露时
可采取的
保护措施

① 您的年龄为：

○ 10～19 岁　　　　○ 20～29 岁　　　　○ 30～39 岁

○ 40～49 岁　　　　○ 50～59 岁　　　　○ 60 岁及以上

② 您的性别为：

○ 男　　　　　　　　　　　　　　　　○ 女

③ 您的职业为（若为学生，请填写专业名称）：

_____

④ 您使用手机的频率是：

○ 每天　　　　　　○ 经常　　　　　　○ 偶尔

⑤ 下载 App 和使用 App 期间，您是否会阅读相关的隐私条款？

○ 每次　　　　　　○ 经常　　　　　　○ 偶尔　　　　　　○ 从不

⑥ App 的隐私政策和要获取的权限在多大程度上影响您做出是否继续下载、使用 App 的决定？

○ 基本不影响　　　○ 影响程度一般　　○ 影响程度较小　　○ 影响程度很大

⑦ 您是否知道根据隐私政策，App 所收集的个人信息会被共享给某些其他 App 使用？

○ 不知道　　　　　○ 了解一点　　　　○ 非常清楚

⑧ 您是否知道根据隐私政策，App 的个性化推荐功能所要收集的搜索、浏览记录等信息，您可以选择不授权？

○ 是　　　　　　　　　　　　　　　　○ 否

⑨ 在使用 App 时，您认为您的个人信息保护意识如何？

○ 较低　　　　　　○ 一般　　　　　　○ 很高

⑩ App 在收集以下哪些个人信息时您会比较介意？

○ 身份证　　　　　○ 地理位置　　　　○ 通信录　　　　　○ 人脸信息

○ 其他：_____

⑪ 对 App 获取与其主要功能无关的权限和个人信息，您的容忍程度是（如视频软件获取您的地理位置信息）？

○ 可以接受　　　　　　　　　　　　　○ 不能接受

⑫ 您是否认为您使用的 App 存在过度收集您个人信息的情况？

○ 否　　　　　　　○ 是，偶尔遇到　　○ 是，经常遇到

⑬ 您对以下情况的容忍程度如何：使用第三方账号授权登录某平台时，该平台获取您在第三方平台已公开的信息（如用 QQ 账号登录 WPS，您是否接受 WPS 直接使用您的 QQ 身份、头像、昵称等信息？）。

  ○ 可以接受   ○ 不能接受

⑭ 您是否知道根据隐私政策，您可以要求 App 删除您的个人信息？

  ○ 是   ○ 否

⑮ 您是否拒绝过 App 弹出的获取应用权限的授权请求？

  ○ 是   ○ 否

⑯ 您认为目前 App 隐私政策存在的问题是？

  ○ 隐私政策过长

  ○ 隐私政策阅读难度大、专业术语多

  ○ 觉得隐私政策无关紧要

  ○ 没有问题

  ○ 其他：_____

⑰ 如果 App 推行简要的隐私政策版本，您的阅读意愿会提高多少？

  ○ 不会提高   ○ 提高一点   ○ 大幅度提高

⑱ 您在使用 App 的过程中是否遇到过其他与个人信息收集相关的问题（如有请描述）？

实验五　评价自己的信息素养

（一）实验目的

◆ 了解信息素养的含义。

◆ 掌握信息素养的测试方法。

◆ 提高信息素养和信息处理能力。

（二）实验内容

　　信息素养主要涉及内容的鉴别与选取、信息的传播与分析等环节，它是一种了解、搜集、评估和利用信息的知识结构。在信息社会中，信息无处不在。而身处信息社会的我们，必须具备一定的信息素养，学会获取、理解、筛选和识别信息，才能更好地利用信息来解决实际问题。请根据以下情景，回答下列测试问题，并根据测试结果了解自己的信息素养。

实验五　参考答案和测试结果分析

　　情景设定：小李是一名刚进校的大学生，恰逢"五一"假期，她想好好了解成都这座陌生的城市。通过自身的信息素养储备，她成功地选择了出行路线，并愉快地度过了 3 天假期。

① （单选题）假如你和小李有一样的愿望，以下哪项和你出行前的行为最吻合？（ ）

  A. 找景点，找路线，查 App，看别人的攻略最靠谱

  B. 早就知道一个著名景点（如武侯祠），直接出发去了再说

  C. 找成都的室友了解，让室友充当导游一起游览

  D. 先搜索一下，哪里好玩或哪里方便去哪里

② （多选题）假如你已经掌握一些获取相关信息的途径，你可能会（   ）。

A. 借助百度搜索问题的答案

B. 用手机下载一个资源类 App，如携程

C. 用知乎征集相关帖子

D. 发朋友圈求助圈中好友

③ （多选题）根据你对情景的理解，下列关于信息素养的说法正确的有（   ）。

A. 信息意识是自觉的心理反应，小李出行前通过各种媒介寻找与目的地相关的信息是信息意识的表现之一

B. 信息能力是利用信息知识获取有效信息的能力，小李不仅要知道哪里能找到信息，还要能够找到有效信息

C. 信息知识是保障信息活动的前提，如小李要去哪里找、怎么找到自己需要的信息

D. 信息道德指的是在获取和传播有效信息时应遵循的规范，如小李转载他人旅游攻略时需备注原创信息和出处

④ （单选题）结合自身的生活经历，你认为下列理解中不正确的一项是（   ）。

A. 信息素养是一种基于利用信息解决问题的综合能力和基本素质

B. 信息素养就是搜索信息的能力

C. 信息知识、信息道德、信息意识是信息素养的重要基础

D. 信息素养就是遇到问题时能够利用信息找到解决问题的线索和思路的能力

综合实践

1. 按下列要求对计算机进行安全设置。

① 启用计算机的防火墙功能。

② 查看计算机中有哪些程序或功能被允许通过 Windows Defender 防火墙，并禁止不安全的程序或功能通过 Windows Defender 防火墙。

③ 下载并安装杀毒软件。

2. 按下列要求清除计算机中的使用痕迹。

① 清除浏览器中的上网痕迹。

② 使用 360 安全卫士进行计算机清理。

3. 按下列要求保护计算机系统。

① 创建系统还原点，对系统进行备份。

② 使用 360 安全卫士对计算机进行体检并一键修复。

③ 使用 360 安全卫士进行系统修复。

④ 使用 360 安全卫士全盘查杀木马。

4. 情景设定：小张趁网店促销时在某宝上买了一双鞋子，3 天后仍未收到货。正准备催单时，接到网店客服电话，被告知购买的鞋子被查出甲醛超标，需全部召回并已退款，且让其按流程进行提现。针对此情景，回答下列测试题目，以此来检验自己的信息安全意识。

① （单选题）遇到情景描述中的情况时，你的第一反应是（   ）。

A. 进入某宝个人账户查看物流信息，咨询商家在线客服

B. 进入某宝服务中心，请求核实退货真伪

C. 根据客服指引，完成操作并申请退款

D. 直接电话联系某宝客服，核实商品是否存在召回情况

综合实践
参考答案和
测试结果分析

②（多选题）公共信息栏中张贴小广告"无担保、无抵押、利息低，仅身份证、学生证，十分钟审批拿钱"，当看到这些信息时，你的第一反应是（   ）。

    A．天上不会掉馅饼，肯定是骗人的

    B．上前把广告撕掉，并告诉身边的同学别上当

    C．某同学正急需用钱，赶紧告诉他这种方法

    D．还有这么方便的途径，任何时候需要钱，都能方便地借到

③（多选题）提高信息安全意识，对个人信息泄露说"不"。以下属于正确的个人信息保护措施的有（   ）。

    A．养成设置好友备注的习惯，帮助辨别"克隆好友"

    B．若发现账号被盗，应及时冻结并通知好友切勿上当

    C．不轻易透露微信账号、密码等个人信息，拒绝一个密码走天下

    D．不要将 QQ 和微信互相关联，减少同时被盗的可能性

    E．如他人提出转账请求，应通过电话或视频方式核实对方真实身份

项目八

拥抱科技浪潮——人工智能

08

实验一 体验 VR 虚拟物理课堂

（一）实验目的

◆ 熟悉沉浸式体验虚拟物理课堂的方法。
◆ 了解人工智能在智能教育方面的应用。

（二）实验内容

VR 虚拟课堂凭借其沉浸式的交互体验，极大地提高了学生的学习体验。它不仅能够将抽象的知识具体化、可视化，使学生在仿真环境中亲身体验和操作，还能消除传统教学中的时空限制，提供更安全、更灵活的学习方式。下面体验十一维度网络科技有限公司开发的 VR 虚拟物理课堂，具体操作如下。

微课 8-1

体验 VR 虚拟
物理课堂

① 利用浏览器搜索"VR+互动课堂"，单击搜索结果中标题为"VR+互动课堂"的超链接。

② 进入"VR+互动课堂"首页，滚动鼠标至页面底部，选择"物理（原理调结式体验）"选项，如图 8-1 所示。

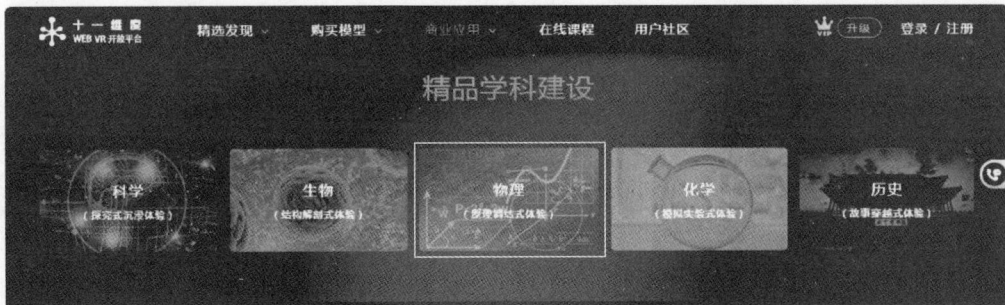

图 8-1 选择"物理（原理调结式体验）"选项

③ 进入所选物理实验的页面，单击 开始实验 按钮，如图 8-2 所示。

④ 开始进行 VR 虚拟实验。此时页面中将展示实验场景，旁白将提示实验的操作步骤，按照提示将相应的器材拖动至场景中，如图 8-3 所示。

⑤ 当正确完成操作后，页面会自动提示下一步操作。为了方便观察，可以滚动鼠标调整场景的显示比例，按住鼠标左键不放便可调整场景角度，如图 8-4 所示。

⑥ 按照相同的操作方法，一边根据提示完成实验步骤，一边调整场景以便更好地观察实验情况，直至完成实验，如图 8-5 所示。

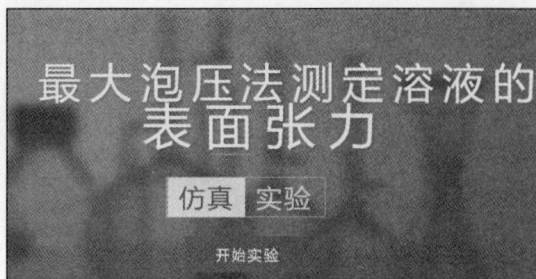
图 8-2　开始实验

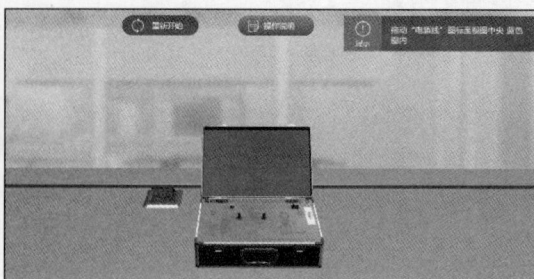
图 8-3　拖动器材

图 8-4　调整角度

图 8-5　完成实验

实验二　使用讯飞智作为短视频配音

（一）实验目的

◆　掌握使用讯飞智作为短视频配音的方法。
◆　了解人工智能在音频生成方面的应用。

（二）实验内容

常用的音频生成类 AIGC 工具有很多，如语音合成类的讯飞智作、魔音工坊，音乐创作类的 Suno AI、网易天音，音乐分离类的腾讯音乐·启明星，音频转文本类的通义大模型下的"音视频速读"功能，以及变声类的大饼 AI 变声等。下面使用讯飞智作将已有的短视频文案制作为短视频音频，具体操作如下。

① 打开"酸辣土豆丝.txt"素材文件（配套资源:\素材文件\项目八\酸辣土豆丝.txt），按【Ctrl+A】组合键全选内容，按【Ctrl+C】组合键复制文案。

② 登录并进入讯飞智作首页（首次使用需要注册账号并登录），单击页面上方的"讯飞配音"选项卡，然后在打开的页面中单击鼠标定位插入点，并按【Ctrl+V】组合键粘贴文案，如图 8-6 所示。

③ 单击上方的主播头像，在打开的对话框中选择合适的主播，并在对话框右侧设置所选主播的风格、语速、语调等参数，如图 8-7 所示，完成后单击 使用 按钮。

④ 返回"讯飞配音"页面，单击右上角的 生成音频 按钮，打开"作品命名"对话框，在其中设置作品的名称、格式，并设置是否同步生成字幕，这里在"名称"文本框中输入"酸辣土豆丝"，单击选中"格式"栏中的"mp3"单选项，如图 8-8 所示，然后单击 确认 按钮。

微课 8-2

使用讯飞智作为
短视频配音

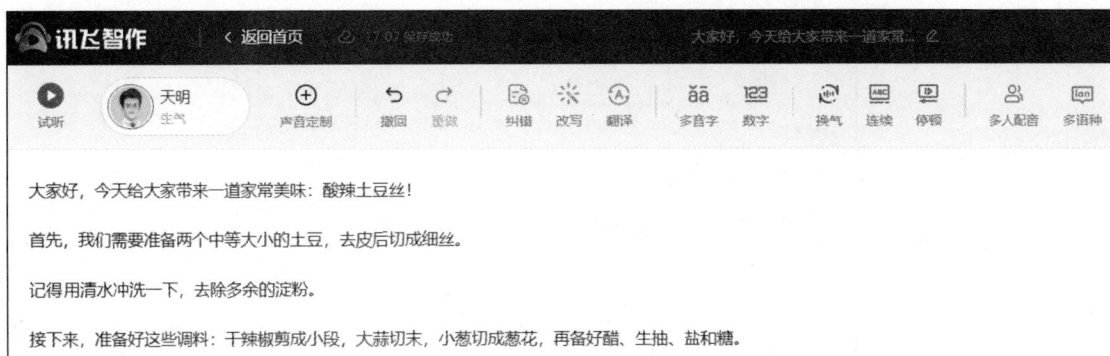

图 8-6　粘贴文案

大家好，今天给大家带来一道家常美味：酸辣土豆丝！

首先，我们需要准备两个中等大小的土豆，去皮后切成细丝。

记得用清水冲洗一下，去除多余的淀粉。

接下来，准备好这些调料：干辣椒剪成小段，大蒜切末，小葱切成葱花，再备好醋、生抽、盐和糖。

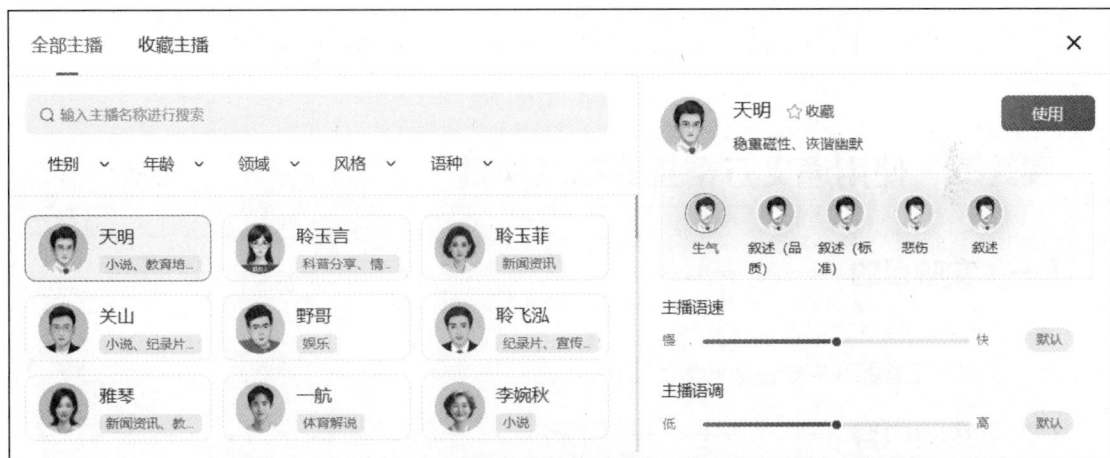

图 8-7　设置主播

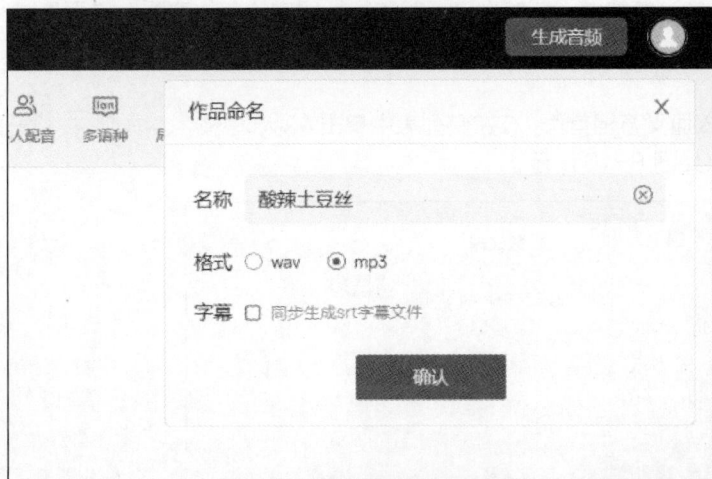

图 8-8　设置作品的名称和格式

　⑤ 在打开的对话框中设置支付方式，如图 8-9 所示，完成后单击 立即支付 按钮，将生成的音频下载到计算机中。

图 8-9　支付订单

实验三　使用通义万相生成花海视频

（一）实验目的

◆　掌握使用通义万相生成视频的方法。
◆　了解人工智能在视频生成方面的应用。

（二）实验内容

　　通义万相是阿里云推出的一个 AI 作画平台，隶属于阿里云"通义大模型家族"，该平台凭借其强大的算法和先进的计算能力，能够准确理解和解析用户的创作意图，进而生成一系列风格多样、细节丰富的艺术作品。下面在通义万相中以图生视频的方式生成一段向日葵花海的视频，具体操作如下。

　　① 登录并进入通义万相首页，在左侧列表中单击"视频生成"选项卡，在打开的界面中单击"添加图片"按钮 ，如图 8-10 所示。

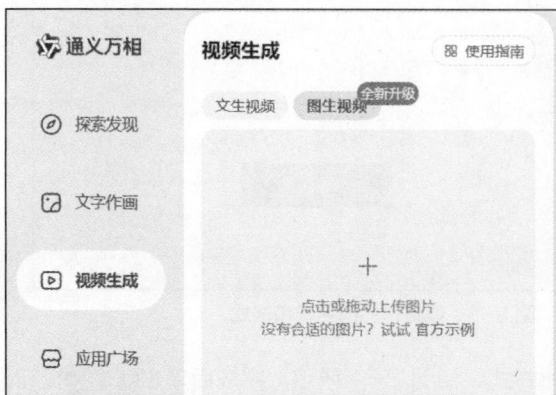

微课 8-3

使用通义万相
生成花海视频

图 8-10　单击"添加图片"按钮

② 打开"打开"对话框，选择"向日葵花海.jpg"图片（配套资源:\素材文件\项目八\向日葵花海.jpg），如图 8-11 所示，然后单击 打开(O) 按钮。

图 8-11　选择图片

③ 上传图片后，单击"裁剪"按钮 ，打开"裁剪比例"对话框，在其中选择"16：9"选项，并向下拖动左侧的裁剪框，如图 8-12 所示，完成后单击 完成 按钮。

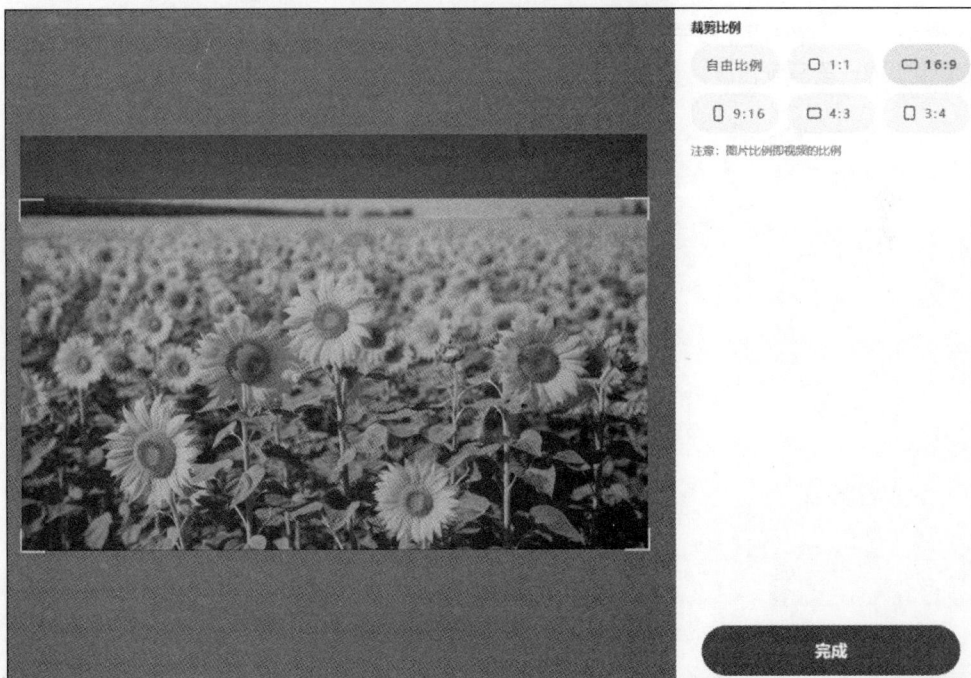

图 8-12　裁剪图片

④ 返回"视频生成"界面，在"创意描述(选填)"文本框中输入视频的生成要求，单击 生成视频 ♡10 按钮。当通义万相生成视频后，单击"下载"按钮 ，将生成的视频下载到计算机中，如图 8-13 所示（配套资源:\效果文件\项目八\花海.mp4）。

图 8-13　生成并下载视频

综合实践

1. 茗香阁是一家专注于茶叶销售的网店，计划在五一劳动节期间实施一项营销活动，请利用文字类 AIGC 工具为其生成一份营销活动方案。

2. 设计一张西餐厅的宣传海报，要求先使用图像类 AIGC 工具生成海报的背景图（以静物摄影的方式展现牛排、意大利面等内容）和西餐厅的 Logo，然后再使用 Photoshop 制作海报的其他内容。

3. 使用文心一言生成一段关于环保的宣传语，然后在讯飞智作中选择合适的主播和背景音乐，用该宣传语生成一段音频。

第二部分

习题集

项目一
从零开始——了解计算机

一、单选题

1. (   ) 被誉为"现代电子计算机之父"。

　　A. 查尔斯·巴贝奇　　B. 阿塔诺索夫　　　　C. 图灵　　　　　　　D. 冯·诺依曼

2. 世界上第一台通用计算机 ENIAC 诞生于 (   )。

　　A. 1943 年　　　　　　B. 1946 年　　　　　　C. 1949 年　　　　　　D. 1950 年

3. 采用晶体管的计算机被称为 (   )。

　　A. 第一代计算机　　　B. 第二代计算机　　　C. 第三代计算机　　　D. 第四代计算机

4. 按计算机用途分类，可以将电子计算机分为 (   )。

　　A. 通用计算机和专用计算机

　　B. 电子数字计算机和电子模拟计算机

　　C. 巨型计算机、大中型计算机、小型计算机和微型计算机

　　D. 科学与过程计算计算机、工业控制计算机和数据计算机

5. 计算机辅助制造的简称是 (   )。

　　A. CAD　　　　　　　B. CAM　　　　　　　C. CAE　　　　　　　D. CBE

6. 计算机中处理的数据在计算机内部是以 (   ) 的形式存储和运算的。

　　A. 位　　　　　　　　B. 二进制　　　　　　C. 字节　　　　　　　D. 兆

7. 下列 4 个计算机存储容量的换算公式中，错误的是 (   )。

　　A. 1MB=1024KB　　B. 1KB=1024MB　　C. 1KB=1024B　　　D. 1GB=1024MB

8. 在计算机中，存储的最小单位是 (   )。

　　A. 位　　　　　　　　B. 二进制　　　　　　C. 字节　　　　　　　D. KB

9. 将十进制数 121 转换成二进制数是 (   )。

　　A. 1111001　　　　　B. 1110010　　　　　C. 1001111　　　　　D. 1001110

10. 国际标准化组织指定为国际标准的是 (   )。

　　A. EBCDIC　　　　　B. ASCII　　　　　　C. 国标码　　　　　　D. BCD 码

11. 一个字符的标准 ASCII 的码长是 (   )。

　　A. 7 bit　　　　　　　B. 8 bit　　　　　　　C. 16 bit　　　　　　D. 6 bit

12. 多媒体信息不包括 (   )。

　　A. 文字、图像　　　　B. 动画、影像　　　　C. 打印机、光驱　　　D. 音频、视频

13. 下列选项中，不属于计算机多媒体的媒体类型的是 (   )。

　　A. 文本　　　　　　　B. 图像　　　　　　　C. 音频　　　　　　　D. 程序

14. 计算机的主机由 (   ) 组成。

　　A. 计算机的主机箱　　　　　　　　　　　B. 运算器和输入/输出设备

　　C. 运算器和控制器　　　　　　　　　　　D. CPU 和内存储器

15. 下面关于 ROM 的说法中，不正确的是（　　）。

    A. ROM 不是内存而是外存　　　　　　B. ROM 中的内容在断电后不会消失

    C. CPU 不能向 ROM 随机写入数据　　　D. ROM 是只读存储器的英文缩写

16. 下列设备中属于输入设备的是（　　）。

    A. 显示器　　　　　B. 扫描仪　　　　　C. 打印机　　　　　D. 绘图机

17. 微型计算机的（　　）集成在微处理器芯片上。

    A. CPU 和 RAM　　B. 控制器和 RAM　C. 控制器和运算器　D. 运算器和 RAM

18. 下列不属于计算机外部存储器的是（　　）。

    A. 软盘　　　　　　B. 硬盘　　　　　　C. 内存条　　　　　D. 光盘

19. 微机的主机指的是（　　）。

    A. CPU、内存和硬盘等　　　　　　　　B. CPU 和内存储器等

    C. CPU、内存、主板和硬盘等　　　　　D. CPU、内存、硬盘、显示器和键盘等

20. 计算机系统是指（　　）。

    A. 硬件系统和软件系统　　　　　　　　B. 运算器、存储器、外部设备

    C. 主机、显示器、键盘、鼠标　　　　　D. 主机和外部设备

21. 计算机中的存储器包括（　　）和外存储器。

    A. 光盘　　　　　　　　　　　　　　　B. 硬盘

    C. 内存储器　　　　　　　　　　　　　D. 半导体存储单元

22. WPS Office 属于（　　）。

    A. 系统软件　　　　B. 应用软件　　　　C. 辅助设计软件　　D. 商业管理软件

23. Windows 11 任务栏中的▦按钮代表的是（　　）。

    A. "打开"按钮　　B. "程序"按钮　　C. "开始"按钮　　D. "时间"按钮

24. Windows 11 的桌面是指（　　）。

    A. 全部窗口　　　　B. 活动窗口　　　　C. 整个屏幕　　　　D. 某个窗口

25. 在打开的窗口之间进行切换的组合键为（　　）。

    A.【Ctrl+Tab】　　B.【Alt+Tab】　　C.【Alt+Esc】　　D.【Ctrl+Esc】

26. 当前窗口处于最大化状态时，双击该窗口标题栏，则相当于单击（　　）。

    A. "最小化"按钮　　B. "关闭"按钮　　C. "还原"按钮　　D. 系统控制按钮

27. 在 Windows 11 中，任务栏的作用是（　　）。

    A. 显示系统的所有功能　　　　　　　　B. 只显示当前活动窗口名

    C. 只显示正在后台工作的窗口名　　　　D. 实现窗口之间的切换

28. 在 Windows 11 中打开一个窗口后，通常在其顶部是一个（　　）。

    A. 标题栏　　　　　B. 任务栏　　　　　C. 状态栏　　　　　D. 工具栏

29. 下列不能关闭应用程序的方法是（　　）。

    A. 单击"任务栏"上的"关闭窗口"按钮　B. 按【Alt+F4】组合键

    C. 双击窗口左上角的控制图标　　　　　D. 选择"文件"/"退出"命令

30. 在 Windows 11 中按住鼠标左键拖动（　　）可缩放窗口。

    A. 标题栏　　　　　B. 对话框　　　　　C. 滚动框　　　　　D. 边框

31. 在 Windows 11 中，对桌面背景的设置可以通过（　　）来实现。

    A. 在"此电脑"按钮▦上单击鼠标右键，在弹出的快捷菜单中选择"属性"命令

    B. 在"开始"按钮上单击鼠标右键

    C. 在桌面空白区单击鼠标右键，在弹出的快捷菜单中选择"个性化"命令

    D. 在任务栏空白区单击鼠标右键，在弹出的快捷菜单中选择"属性"命令

32. 下列操作中，不能将常用程序锁定到任务栏的是（   ）。
    A. 在"开始"菜单中选择常用程序并将其拖动到任务栏
    B. 在"开始"菜单的常用程序上单击鼠标右键，在弹出的快捷菜单中选择"更多"/"固定到任务栏"命令
    C. 在桌面的常用程序快捷方式上单击鼠标右键，通过弹出的快捷菜单将其发送至任务栏
    D. 在任务栏中的程序图标上单击鼠标右键，在弹出的快捷菜单中选择"固定到任务栏"命令

33. 如果删除了桌面上的一个快捷方式图标，则其对应的应用程序将（   ）。
    A. 一起被删除   B. 只能打开，不能编辑
    C. 不能打开   D. 无任何变化

34. 当鼠标位于窗口的左右边界，鼠标指针变为 形状时，拖动鼠标可以（   ）。
    A. 改变窗口的高度   B. 改变窗口的宽度   C. 改变窗口的大小   D. 改变窗口的位置

35. 当运行多个应用程序时，默认情况下屏幕上显示的是（   ）。
    A. 第一个程序窗口   B. 系统的当前窗口
    C. 最后一个程序窗口   D. 多个窗口的叠加

36. 当窗口不能将所有的信息显示在当前工作区时，窗口中一定会出现（   ）。
    A. 滚动条   B. 状态栏   C. 提示窗口   D. 信息窗口

37. 在 Windows 11 中，使文件等对象的快捷菜单弹出的操作称为（   ）。
    A. 单击   B. 右击   C. 双击   D. 三击

38. 多用户使用一台计算机的情况经常出现，这时可设置（   ）。
    A. 共享用户   B. 多个用户账户   C. 局域网   D. 使用时段

二、多选题

1. 下列属于多媒体技术主要特点的有（   ）。
   A. 实时性   B. 集成性   C. 分布性   D. 交互性

2. 计算机在现代教育中的主要应用有计算机辅助教学、计算机模拟、多媒体教室和（   ）。
   A. 网上教学   B. 家庭娱乐   C. 电子试卷   D. 电子大学

3. 以下属于第四代计算机主要特点的有（   ）。
   A. 计算机走向微型化，性能大幅度提升
   B. 主要用于军事和国防领域
   C. 软件越来越丰富，为网络化创造了条件
   D. 计算机逐渐走向人工智能化，并采用了多媒体技术

4. 下列属于汉字编码方式的有（   ）。
   A. 输入码   B. 识别码   C. 国标码   D. 机内码

5. 多媒体计算机的软件种类较多，根据功能可以分为（   ）。
   A. 多媒体操作系统   B. 多媒体处理系统工具
   C. 图像处理工具   D. 用户应用软件

6. 下列属于图像文件格式的有（   ）。
   A. BMP   B. GIF   C. PNG   D. AVI

7. 常用的输出设备有（   ）。
   A. 显示器   B. 扫描仪   C. 打印机   D. 键盘和鼠标

8. 以下选项中，属于计算机外部设备的有（   ）。
   A. 输入设备   B. 输出设备
   C. 中央处理器和主存储器   D. 外存储器

9. 计算机的软件系统可分为（　　　）。
    A. 程序和数据　　　　B. 应用软件　　　　C. 操作系统　　　　D. 系统软件
10. 下列属于应用软件的有（　　　）。
    A. 办公类软件　　　　　　　　　　B. 图形处理与设计软件
    C. 多媒体播放与处理软件　　　　　D. 网页开发软件
11. 计算机的运行速度受（　　　）影响。
    A. CPU　　　　　　　B. 显示器　　　　　C. 键盘　　　　　D. 内存
12. 窗口的组成元素包括（　　　）。
    A. 标题栏　　　　　　B. 滚动条　　　　　C. 菜单栏　　　　　D. 窗口工作区
13. 在 Windows 11 中可进行的个性化设置包括（　　　）。
    A. 主题　　　　　　　B. 桌面背景　　　　C. 窗口颜色　　　　D. 声音
14. 桌面上的快捷方式图标可以代表（　　　）。
    A. 应用程序　　　　　B. 文件夹　　　　　C. 用户文档　　　　D. 打印机
15. 在 Windows 11 中，关于对话框的描述正确的有（　　　）。
    A. 对话框是一种特殊的窗口　　　　B. 对话框中一般有选项卡
    C. 按【Alt+F4】组合键可以关闭对话框　　D. 对话框的大小不可以改变
16. 在 Windows 11 中运行一个程序可以（　　　）。
    A. 选择"开始"/"附件"/"运行"命令　　B. 使用资源管理器
    C. 使用桌面上已建立的快捷方式图标　　D. 双击程序图标
17. 下面对任务栏的描述中，正确的有（　　　）。
    A. 任务栏可以出现在屏幕的四周　　　B. 利用任务栏可以切换窗口
    C. 任务栏可以隐藏图标　　　　　　　D. 任务栏中的时钟不能删除

三、判断题

1. 冯·诺依曼原理是计算机的唯一工作原理。（　　）
2. 第三代计算机的逻辑部件采用的是小规模集成电路。（　　）
3. 在计算机内部，一切信息的存储、处理与传送都采用二进制来表示。（　　）
4. 一个字符的标准 ASCII 占一个字节的存储量，其最高二进制位总为 0。（　　）
5. 大写英文字母的 ASCII 值大于小写英文字母的 ASCII 值。（　　）
6. 标准 ASCII 表的每一个 ASCII 都能在屏幕上显示成一个相应的字符。（　　）
7. 多媒体技术的主要特点是数字化和集成性。（　　）
8. 通常计算机的存储容量越大，性能就越好。（　　）
9. 传输媒体主要包括键盘、显示器、鼠标、声卡及视频卡等。（　　）
10. 多媒体文件包括音频文件、视频文件和图像文件。（　　）
11. 1GB 等于 1000MB，又等于 1000000KB。（　　）
12. CPU 的主频越高，它的运算速度就越慢。（　　）
13. 主机以外的大部分硬件设备称为外围设备或外部设备，简称外设。（　　）
14. 运算器是进行算术和逻辑运算的部件，通常称它为 CPU。（　　）
15. 输入和输出设备是用来存储程序及数据的装置。（　　）
16. 通常说的内存是指 RAM。（　　）
17. 显示于 Windows 11 桌面上的图标统称为系统图标。（　　）
18. 在 Windows 11 中单击非活动窗口的任意部分都可切换该窗口为活动窗口。（　　）
19. 默认情况下，Windows 11 桌面由桌面图标、鼠标指针、任务栏和语言栏 4 个部分组成。
（　　）

20. 快捷方式的图标可以更改。　　　　　　　　　　　　　　　　（　　）

21. 在 Windows 11 中，无法给文件夹创建快捷方式。　　　　　　（　　）

22. 关闭应用程序窗口意味着终止该应用程序的运行。　　　　　　（　　）

23. 在 Windows 11 中，窗口和对话框相比较而言，窗口可以移动和改变大小，而对话框仅可以改变大小，不能移动。　　　　　　　　　　　　　　　　　　　（　　）

24. "回收站"图标可以从桌面上删除。　　　　　　　　　　　　　（　　）

25. 在不同状态下，鼠标指针的表现形式并没有区别。　　　　　　（　　）

26. 悬浮于桌面上的"语言栏"面板只能用于选择语言的输入。　　（　　）

27. 安装了操作系统后才能安装和使用各种应用程序。　　　　　　（　　）

28. 若要选中或取消选中某个复选框，只需单击该复选框前的方框即可。（　　）

项目二

打造精美文档——文档制作

02

一、单选题

1. 在 WPS 文字中编辑文档时，单击文档窗口标题栏右侧的 ― 按钮后，会（　　）。
   - A. 关闭窗口
   - B. 最小化窗口
   - C. 使文档窗口独占屏幕
   - D. 使当前窗口缩小

2. 在 WPS 文字主窗口的右上角，可以同时显示的按钮是（　　）。
   - A."最小化""向下还原""最大化"
   - B."还原\最大化"和"关闭"
   - C."最小化""向下还原""关闭"
   - D."向下还原"和"最大化"

3. 在 WPS 文字编辑状态下打开计算机中的"日记.docx"文档，若要把编辑后的文档以文件名"旅行日记.wps"保存，则可以选择"文件"菜单中的（　　）命令。
   - A."保存"
   - B."另存为"
   - C."全部保存"
   - D."保存并发送"

4. 在 WPS 文字中按（　　）可将文本插入点快速移至文档的开端。
   - A.【Ctrl+Home】组合键
   - B.【Ctrl+Shift+End】组合键
   - C.【Ctrl+End】组合键
   - D.【Ctrl+Shift+Home】组合键

5. 在 WPS 文字中输入文字时，在（　　）模式下输入新的文字，后面原有的文字将会被覆盖。
   - A. 插入
   - B. 改写
   - C. 更正
   - D. 输入

6. 在 WPS 文字中，不能实现选中整篇文档的操作是（　　）。
   - A. 按【Ctrl+C】组合键
   - B. 在"开始"选项卡中单击"选择"按钮，在打开的下拉列表中选择"全选"选项
   - C. 将鼠标指针移至文档左侧边缘，当其变为◁形状时，按住【Ctrl】键的同时单击鼠标左键
   - D. 将鼠标指针移至文档左侧边缘，当其变为◁形状时，连续单击 3 次鼠标左键

7. WPS 文档文件的扩展名为（　　）。
   - A. .txt
   - B. .docx
   - C. .xlsx
   - D. .wps

8. 在 WPS 文字窗口的编辑区，闪烁的一条竖线表示（　　）。
   - A. 鼠标位置
   - B. 文本插入点
   - C. 拼写错误
   - D. 文本位置

9. 在 WPS 文字操作过程中能够显示总页数、页号、字数等信息的是（　　）。
   - A. 状态栏
   - B. 菜单栏
   - C. 快速访问工具栏
   - D. 标题栏

10. 在 WPS 文字中，选择某行文本的方法是（　　）。
    - A. 将鼠标指针置于目标处并单击
    - B. 将鼠标指针置于此行左侧的选定栏，当鼠标指针变为偏向右侧的箭头形状时单击
    - C. 在此行的选定栏连续单击 3 次
    - D. 将鼠标指针定位到该行中，当出现闪烁的文本插入点时，连续单击 3 次

11. 将文本插入点定位于句子"风吹草低见牛羊"中的"草"与"低"之间，按【Delete】键，该句子变为（　　）。
    - A. 风吹草见牛羊
    - B. 风吹见牛羊
    - C. 整句被删除
    - D. 风吹低见牛羊

12. 选择文本，在"开始"选项卡中单击"字符底纹"按钮 A，可（　　　）。

    A．为所选文本添加默认底纹样式　　　　B．为当前段落添加默认底纹样式

    C．为所选文本所在的行添加底纹样式　　D．自定义所选文本的底纹样式

13. 为文本添加编号后，"编号"下拉列表中的"更改编号级别"选项将呈可用状态，此时，
（　　　）。

    A．在其子列表中可调整当前编号的级别　　B．在其子列表中可更改当前编号的样式

    C．在其子列表中可自定义当前编号的级别　　D．在其子列表中可自定义当前编号的样式

14. 在 WPS 文字中，输入文字默认的对齐方式是（　　　）。

    A．左对齐　　　　　　B．右对齐　　　　　　C．居中对齐　　　　　　D．两端对齐

15. "左缩进"和"右缩进"调整的是（　　　）。

    A．非首行　　　　　　B．首行　　　　　　C．整个段落　　　　　　D．段前距离

16. 修改字符间距的位置是（　　　）。

    A．"段落"对话框中的"缩进与间距"选项卡

    B．"设置文本效果格式"对话框中的"效果"选项卡

    C．"字体"对话框中的"字符间距"选项卡

    D．"页面设置"对话框中的"页边距"选项卡

17. 给文字加上着重符号，可通过（　　　）来实现。

    A．"字体"对话框　　　B．"段落"对话框　　　C．"字符"对话框　　　D．"符号"对话框

18. 选择文本，按【Ctrl+B】组合键后，字体会（　　　）。

    A．加粗　　　　　　　B．倾斜　　　　　　　C．加下画线　　　　　　D．设置成上标

19. 若要在 WPS 文字中删除表格中某单元格所在的行，则应选中"删除单元格"对话框中的
（　　　）单选项。

    A．"右侧单元格左移"　　　　　　　　　B．"下方单元格上移"

    C．"删除整行"　　　　　　　　　　　　D．"删除整列"

20. 下列关于在 WPS 文字中拆分单元格的说法，正确的是（　　　）。

    A．只能把表格拆分为多行　　　　　　　B．只能把表格拆分为多列

    C．可以拆分成设置的行列数　　　　　　D．拆分的单元格必须是合并后的单元格

21. 在改变表格中某列宽度时不会影响其他列宽度的操作是（　　　）。

    A．直接拖动某列的右边线　　　　　　　B．直接拖动某列的左边线

    C．拖动某列右边线的同时按住【Shift】键　　D．拖动某列右边线的同时按住【Ctrl】键

22. 在 WPS 文字中，"页码"格式应在（　　　）对话框中设置。

    A．"页面设置"　　　　B．"页眉和页脚"　　　C．"稿纸设置"　　　　　D．"页码"

23. 在 WPS 文字中，使用模板创建文档的过程是（　　　），然后选择模板类型。

    A．选择"文件"/"打开"命令　　　　　　B．选择"文件"/"选项"命令

    C．选择"文件"/"新建模板文档"命令　　D．选择"文件"/"新建"命令

24. 下列有关样式的说法中，正确的是（　　　）。

    A．用户可以使用样式，但必须先创建样式

    B．用户可以使用 WPS 文字预设的样式，也可以自定义样式

    C．WPS 文字没有预设的样式，用户只能建立后再去使用

    D．用户可以使用 WPS 文字预设的样式，但不能自定义样式

25. 在 WPS 文字的编辑状态下，为文档设置页码，可以使用（　　　）。

    A．"引用"选项卡中的"目录"按钮　　　B．"开始"选项卡中的"编号"按钮

    C．"插入"选项卡中的"附件"按钮　　　D．"插入"选项卡中的"页眉页脚"按钮

26. WPS 文字中的页边距可以通过（　　　）设置。

    A. "插入"选项卡   B. "开始"选项卡

    C. "页面"选项卡   D. "文件"/"选项"命令

27. 在 WPS 文字中预览文档打印后的效果，需要使用（　　　）功能。

    A. 打印预览   B. 虚拟打印   C. 提前打印   D. 屏幕打印

28. 以下关于 WPS 文字"页面"选项卡的说法中，错误的是（　　　）。

    A. 可以为文档设置首字下沉   B. 可以设置文档分隔符

    C. 可以设置稿纸效果   D. 可以设置页面边框效果

29. 在 WPS 文字的编辑状态下，设置纸张大小时，应当（　　　）。

    A. 选择"文件"/"选项"命令

    B. 在快速访问工具栏中单击"纸张大小"按钮🗋

    C. 在"页面"选项卡中单击"页边距"按钮🗋

    D. 在"页面"选项卡中单击"纸张大小"按钮🗋

30. 处于打印预览状态时，若需打印文件，则（　　　）。

    A. 只能在打印预览状态打印   B. 在打印预览状态不能打印

    C. 在打印预览状态也可以直接打印   D. 必须退出打印预览状态后才可以打印

31. 对于 WPS 文字中表格的叙述，正确的是（　　　）。

    A. 表格中的数据可以进行公式计算   B. 表格中的文本只能垂直居中

    C. 表格中的数据不能排序   D. 只能在表格的外框画粗线

二、多选题

1. 下列操作中，可以打开 WPS 文档的有（　　　）。

    A. 双击已有的 WPS 文档   B. 选择"文件"/"打开"命令

    C. 按【Ctrl+O】组合键   D. 选择"文件"/"最近所用的文件"命令

2. 下列关于"保存"与"另存为"的说法中，错误的有（　　　）。

    A. 在文件第一次保存时，两者功能相同

    B. "另存为"是将文件另外再保存一份，但不可以重命名文件

    C. 用"另存为"保存的文件不能与原文件同名

    D. 在保存旧文档时，两者功能相同

3. 在 WPS 文字中，文档可以保存为（　　　）。

    A. Web 页   B. 纯文本   C. PDF   D. RTF

4. 在 WPS 文字中，若需选择整个段落，则可执行（　　　）操作。

    A. 在行首单击，然后按住【Shift】键单击段尾

    B. 在段落左侧的空白处快速双击

    C. 在段内任意位置快速单击 3 次

    D. 按住【Ctrl】键在段内任意位置单击

5. 在 WPS 文字中，可以用"查找和替换"对话框查找的内容包括（　　　）。

    A. 样式   B. 字体   C. 段落标记   D. 图片

6. 在 WPS 文字的"段落"对话框中能完成的操作有（　　　）。

    A. 设置段落缩进   B. 设置项目符号

    C. 设置段间距   D. 设置字符间距

7. 以下有关"项目符号"的说法中，正确的有（　　　）。

    A. 项目符号可以是英文字母   B. 项目符号可以改变格式

    C. 项目符号可以是计算机中的图片   D. 项目符号可以自动按顺序生成

8. 在 WPS 文字中，编号可以是（　　　）。

   A. 罗马数字　　　　　　B. 汉字数字　　　　　C. 英文字母　　　　D. 带圈数字

9. 在 WPS 文字中，可以将边框添加到（　　　）。

   A. 文字　　　　　　　　B. 段落　　　　　　　C. 页面　　　　　　D. 表格

10. 在 WPS 文字中选择多个图形，可（　　　）。

   A. 按住【Ctrl】键，再依次选择

   B. 按住【Shift】键，再依次选择

   C. 按住【Alt】键，再依次选择

   D. 按住【Shift+Ctrl】组合键，再依次选择

11. 以下关于"项目符号"的说法中，正确的有（　　　）。

   A. 可以使用"项目符号"按钮☰来添加　　　B. 可以使用软键盘来添加

   C. 可以使用格式刷来添加　　　　　　　　D. 可以自定义项目符号样式

12. 下面关于 WPS 文字样式的叙述，正确的有（　　　）。

   A. 修改样式后将自动修改使用该样式的文本格式

   B. 样式可以简化操作，能节省更多的时间

   C. 样式不能重复使用

   D. 样式是 WPS 文字中最强有力的工具之一

13. 在设置打印文档时，用户可以选择的打印方式有（　　　）。

   A. 打印整篇文档　　B. 打印当前页　　　C. 打印指定页　　　D. 打印选择的内容

14. 下面关于 WPS 文字排版的说法，正确的有（　　　）。

   A. 在同一页面上可同时存在不同的分栏格式

   B. 通过使用样式，用户可以统一设置文本的字体、字号和段落对齐方式

   C. 用户可以自定义多个字符或段落样式

   D. 用户可以为新样式设置一个快捷键，使排版更方便

15. 下面有关 WPS 文档分页的叙述，正确的有（　　　）。

   A. 分页符不能被打印出来

   B. WPS 文档可以自动分页，也可以手动分页

   C. 将文本插入点置于分页符上按任意键可将其删除

   D. 分页符标志着前一页的结束和一个新页的开始

16. 在 WPS 文字中，在文档中插入图片对象后，可以通过设置图片的文字环绕方式进行图文混排。下列属于 WPS 文字提供的文字环绕方式的有（　　　）。

   A. 四周型环绕　　　B. 衬于文字下方　　C. 嵌入型　　　　D. 左右型

17. WPS 文字中可设置的视图方式有（　　　）。

   A. 页面视图　　　　B. 阅读版式视图　　C. Web 版式视图　D. 大纲视图

三、判断题

1. 第一次打开 WPS 文字后，系统将自动创建一个空白文档并命名为"新文档.docx"。

   （　　　）

2. 使用"文件"菜单中的"打开"命令可以打开一个已存在的 Word 文档。　（　　　）

3. 当执行了错误操作后，可以单击"撤销"按钮↺撤销当前操作，还可以从其下拉列表中执行多次撤销或恢复多次撤销的操作。　（　　　）

4. 在 WPS 文字中，"剪切"和"复制"命令只有在选择对象后才能使用。　（　　　）

5. 在 WPS 文字中，可以同时打开多个文档窗口，但其中只有一个是活动窗口。　（　　　）

6. 在 WPS 文字中进行高级查找和替换操作时，常使用的通配符有"？"和"*"，其中，"*"

表示一个任意字符，"？"表示任意多个字符。 （　　）

7. 在进行替换操作时，如果"替换为"文本框中未输入任何内容，则不会进行替换操作。 （　　）

8. 文本可以转换为表格内容，表格内容不能转换为文本内容。 （　　）

9. 在 WPS 文字的表格中，多个单元格不能合并成一个单元格。 （　　）

10. 在 WPS 文字中，只能设置整个表格的底纹，不能对单个单元格进行底纹设置。（　　）

11. 页眉与页脚一经插入，不能修改。 （　　）

12. 在 WPS 文字中，不但可以给文本套用各种样式，而且还可以更改样式。 （　　）

13. 在 WPS 文字中，用户可以使用系统定义的样式，也可以使用自定义样式。 （　　）

14. 在 WPS 文字中，不但能插入封面和页码，而且可以制作文档目录。 （　　）

15. 在 WPS 文字中，不但能插入内置公式，而且可以插入新公式，还可以通过"公式编辑器"窗口进行公式编辑。 （　　）

16. 通过插入分栏符，用户可以对还未填满一页的文本进行强制性分页。 （　　）

17. 在编辑页眉页脚时，可同时编辑正文。 （　　）

18. 在 WPS 文字中，页面设置是针对整个文档进行设置的。 （　　）

19. 在 WPS 文字中，大纲视图不会显示页眉和页脚。 （　　）

20. 在 WPS 文字中，文档默认的模板扩展名为".doc"。 （　　）

21. 打印时，如果只打印第 2 页、第 6 页和第 7 页，应设置"打印范围"为"2、6、7"。 （　　）

22. 按【Ctrl+F2】组合键既可以进入打印预览状态，又可以关闭打印预览状态。 （　　）

项目三

高效管理数据
——电子表格制作

03

一、单选题

1. WPS 表格工作簿文件的扩展名为（　　）。
   A．.et　　　　　　　B．.docx　　　　　　C．.pptx　　　　　　D．.xls

2. 按（　　）可执行保存 WPS 表格工作簿的操作。
   A．【Ctrl+C】组合键　B．【Ctrl+E】组合键　C．【Ctrl+S】组合键　D．【Esc】键

3. 在 WPS 表格中，Sheet1、Sheet2 等表示（　　）。
   A．工作簿名　　　　B．工作表名　　　　C．文件名　　　　D．数据

4. 要在 WPS 表格中打开"打开文件"对话框，可按（　　）组合键。
   A．【Ctrl+N】　　　　B．【Ctrl+S】　　　　C．【Ctrl+O】　　　　D．【Ctrl+Z】

5. 下列关于工作表的描述，正确的是（　　）。
   A．工作表主要用于存取数据
   B．工作表的名称显示在工作簿顶部
   C．工作表无法修改名称
   D．工作表的默认名称为"Sheet1""Sheet2"……

6. 在 WPS 表格工作表中，如果要同时选择若干个不连续的单元格，则可以（　　）。
   A．按住【Shift】键，依次单击需选择的单元格
   B．按住【Ctrl】键，依次单击需选择的单元格
   C．按住【Alt】键，依次单击需选择的单元格
   D．按住【Tab】键，依次单击需选择的单元格

7. 在默认情况下，WPS 表格工作表中的数据呈白底黑字显示。为了使工作表更加美观，可以为工作表填充颜色，此时一般可通过单击（　　）进行操作。
   A．"开始"选项卡中的"填充颜色"按钮🖫
   B．"页面"选项卡中的"表格样式"按钮🗗
   C．"页面"选项卡中的"主题"按钮🗛
   D．"页面"选项卡中的"背景图片"按钮🖾

8. 快速新建工作簿，可按（　　）组合键。
   A．【Shift+O】　　　　B．【Ctrl+O】　　　　C．【Ctrl+N】　　　　D．【Alt+O】

9. 在 WPS 表格中，将 A1 单元格的数字格式设定为整数，当输入"11.15"时，显示为（　　）。
   A．11.11　　　　　　B．11　　　　　　　C．12　　　　　　　D．11.2

10. 在默认状态下，单元格中数字的对齐方式是（　　）。
    A．左对齐　　　　　B．右对齐　　　　　C．居中　　　　　D．两边对齐

11. 在 WPS 表格中，先选择 A1 单元格，然后按住【Shift】键，并单击 B4 单元格，此时所选单元格区域为（　　）。
    A．A1:B4　　　　　B．A1:B5　　　　　C．B1:C4　　　　　D．B1:C5

12. 将所选的多列单元格按指定数字调整为等列宽的最快捷的方法为（　　　）。

    A. 直接在列标处拖动到等列宽

    B. 选择多列单元格后拖动

    C. 选择"开始"/"行和列"/"列宽"选项

    D. 选择"开始"/"行和列"/"最合适的列宽"选项

13. 在 WPS 表格中，选择某一单元格后，按【Delete】键，下列说法正确的是（　　　）。

    A. 清除该单元格中的内容

    B. 该单元格中的内容保持不变

    C. 删除该单元格中的内容，同时下方的单元格内容依次上移

    D. 删除该单元格中的内容，同时右边的单元格内容依次左移

14. 当 WPS 表格中单元格的数值长度超出单元格长度时，将显示为（　　　）。

    A. 普通记数法　　　B. 分数记数法　　　C. 科学记数法　　　D. ########

15. WPS 表格中日期的格式默认为"年/月/日"，若要将日期格式改为"×年×月×日"，可通过"单元格格式"对话框中的（　　　）选项卡进行设置。

    A."数字"　　　B."对齐"　　　C."字体"　　　D."边框"

16. 在下列操作中，可以在选择的单元格区域中输入相同数据的是（　　　）。

    A. 在输入数据后按【Ctrl+Space】组合键

    B. 在输入数据后按【Enter】键

    C. 在输入数据后按【Ctrl+Enter】组合键

    D. 在输入数据后按【Shift+Enter】组合键

17. 如果要在 B2:B11 单元格区域中输入数字序号 1、2、3、…、10，可先在 B2 单元格中输入数字 1，再选择 B2 单元格，按住（　　　）键不放，拖动填充柄至 B11 单元格。

    A.【Alt】　　　B.【Ctrl】　　　C.【Shift】　　　D.【Insert】

18. 合并单元格是指将选择的连续单元格区域合并为（　　　）。

    A. 1 个单元格　　　B. 1 行 2 列　　　C. 2 行 2 列　　　D. 任意行和列

19. 为所选单元格区域快速套用表格样式，应通过（　　　）来设置。

    A."开始"选项卡中的"填充"按钮　　　B."开始"选项卡中的"表格样式"按钮

    C."开始"选项卡中的"工作表"按钮　　　D."开始"选项卡中的"格式刷"按钮

20. 工作表被保护后，该工作表中单元格的内容、格式（　　　）。

    A. 可以修改　　　B. 不可修改、删除

    C. 可以被复制、填充　　　D. 可移动

21. "公式"选项卡中∑按钮的作用是（　　　）。

    A. 求和　　　B. 求均值　　　C. 升序　　　D. 降序

22. 如果要在 G2 单元格得到 B2 单元格到 F2 单元格的数值和，则应在 G2 单元格中输入公式（　　　）。

    A."=SUM(B2，F2)"　　　B."=SUM(B2:F2)"

    C."SUM(B2，F2)"　　　D."SUM(B2:F2)"

23. 在 WPS 表格工作表的公式中，公式"=SUM(B3:C4)"的含义是（　　　）。

    A. 对 B3 与 C4 两个单元格中的数据求和

    B. 对从 B3 到 C4 矩形区域内的所有单元格中的数据求和

    C. 对 B3 与 C4 两个单元格中的数据求平均值

    D. 对从 B3 到 C4 矩形区域内的所有单元格中的数据求平均值

24. 在 WPS 表格工作表的公式中，公式"=AVERAGE(B3:C4)"的含义是（　　）。

   A. 对 B3 与 C4 两个单元格中的数据求和

   B. 对从 B3 到 C4 矩形区域内的所有单元格中的数据求和

   C. 对 B3 与 C4 两个单元格中的数据求平均值

   D. 对从 B3 到 C4 矩形区域内的所有单元格中的数据求平均值

25. 设 A1:A4 单元格区域中的内容分别为 8、3、83、9，则公式"=MIN(A1:A4,2)"的返回值为（　　）。

   A. 2　　　　　　　　B. 3　　　　　　　　C. 4　　　　　　　　D. 83

26. 函数 COUNT 的功能是（　　）。

   A. 求和　　　　　　B. 求均值　　　　　　C. 求最大值　　　　　D. 求个数

27. 将 L2 单元格中的公式"=SUM(C2:K3)"复制到单元格 L3 中，显示的公式是（　　）。

   A. "=SUM(C2:K2)"　　　　　　　　B. "=SUM(C3:K4)"

   C. "=SUM(C2:K3)"　　　　　　　　D. "=SUM(C3:K2)"

28. 删除工作表中与图表链接的数据时，图表将（　　）。

   A. 被复制　　　　　　　　　　　　B. 编辑相应的数据点

   C. 不会发生变化　　　　　　　　　D. 自动删除相应的数据点

29. 在 WPS 表格中，图表是数据的一种图像表示形式。图表是动态的，改变了图表（　　）后，WPS 表格会自动更改图表。

   A. x轴的数据　　　B. y轴的数据　　　C. 数据　　　　　　　D. 标题

30. 在 WPS 表格中，最适合反映单个数据在所有数据构成的总和中所占比例的一种图表类型是（　　）。

   A. 散点图　　　　　　B. 折线图　　　　　　C. 柱形图　　　　　　D. 饼图

31. 在 WPS 表格中，最适合反映数据发展趋势的一种图表类型是（　　）。

   A. 散点图　　　　　　B. 折线图　　　　　　C. 柱形图　　　　　　D. 饼图

32. 要在一张工作表中迅速地找出性别为"男"且总分大于 350 的所有记录，则可在"性别"和"总分"字段后输入（　　）。

   A. 男>350　　　　B. "男">350　　　C. =男>350　　　D. ="男">350

33. 下列选项中，（　　）不能用于对数据表进行排序。

   A. 选择数据区域任一单元格，然后在"数据"选项卡中单击"升序"按钮 ⬆↓

   B. 选择要排序的数据区域，然后在"数据"选项卡中单击"升序"按钮 ⬆↓

   C. 选择要排序的数据区域，然后在"数据"选项卡中单击"排序"按钮 ⬆↓ 下方的下拉按钮 ⬇，在打开的下拉列表中选择"自定义排序"选项

   D. 选择工作表中任意一个单元格，然后在"数据"选项卡中单击"排序"按钮 ⬆↓

34. 以下各项中，对 WPS 表格中的筛选功能描述正确的是（　　）。

   A. 按要求对工作表数据进行排序

   B. 隐藏符合条件的数据

   C. 只显示符合设定条件的数据，而隐藏其他数据

   D. 按要求对工作表数据进行分类

35. 在 WPS 表格中打印学生成绩单时，对不及格的成绩用醒目的方式表示（如用红色表示等）。当要处理大量的学生成绩时，利用（　　）命令最为方便。

   A. "查找"　　　　　B. "条件格式"　　　C. "数据筛选"　　　D. "定位"

36. 关于分类汇总，下列叙述正确的是（　　）。

   A. 分类汇总前应按分类字段值对记录排序　　B. 分类汇总只能按一个字段分类

   C. 只能对数值型字段进行汇总统计　　　　　D. 汇总方式只能是求和

37. （　　　）可以快速汇总大量的数据，同时对汇总结果进行各种筛选以展示数据源的不同统计结果。

  A. 数据透视表   B. SmartArt 图形 C. 图表   D. 表格

38. 在排序时，将工作表的第一行设置为标题行，若选择标题行一起参与排序，则排序后标题行（　　　）。

  A. 总出现在第一行

  B. 总出现在最后一行

  C. 根据指定的排列顺序确定其出现在相应位置

  D. 总不显示

二、多选题

1. 下列关于 WPS 表格的基本概念，正确的有（　　　）。

  A. 工作簿是 WPS 表格中存储和处理数据的文件

  B. 工作表是存储和处理数据的工作单位

  C. 单元格是存储和处理数据的基本编辑单位

  D. 活动单元格是已输入数据的单元格

2. 下列选项中，可以新建工作簿的操作包括（　　　）。

  A. 选择"文件"/"新建"/"新建"命令

  B. 单击快速访问工具栏中的"新建"按钮

  C. 使用模板方式

  D. 选择"文件"/"打开"命令

3. 在工作表的单元格中，可输入的内容包括（　　　）。

  A. 字符   B. 中文   C. 数字   D. 公式

4. 修改单元格中数据的正确方法有（　　　）。

  A. 在编辑栏中修改   B. 使用"开始"选项卡中的按钮

  C. 复制和粘贴   D. 在单元格中修改

5. 在 WPS 表格中，复制单元格格式可采用（　　　）。

  A. 链接   B. 复制+粘贴   C. 复制+选择性粘贴 D. 格式刷

6. 下列选项中，可以成功退出 WPS 表格的操作有（　　　）。

  A. 单击标题栏右侧的"关闭"按钮 ✕ B. 选择"文件"/"关闭"命令

  C. 选择"文件"/"退出"命令   D. 按【Ctrl+F4】组合键

7. 在 WPS 表格中，使用填充功能可以实现（　　　）填充。

  A. 等差数列   B. 等比数列   C. 多项式   D. 方程组

8. 下列关于 WPS 表格中图表的说法，正确的有（　　　）。

  A. 图表与生成的图表数据相互独立，不自动更新

  B. 图表类型一旦确定，生成后不能再更新

  C. 图表选项可以在创建时设定，也可以在创建后修改

  D. 图表可以作为对象插入，也可以作为新工作表插入

9. 数据筛选主要可分为（　　　）。

  A. 直接筛选   B. 自动筛选   C. 高级筛选   D. 自定义筛选

10. 下列属于常见图表类型的有（　　　）。

  A. 柱形图   B. 圆环图   C. 条形图   D. 折线图

11. 在 WPS 表格中，数据透视表区域主要有（　　　）。

  A. "行"区域   B. "筛选器"区域 C. "列"区域   D. "值"区域

12. 下列选项中，属于数据透视表的数据来源的有（　　　）。

　　A. WPS 表格中的数据清单或数据库　　　　B. 外部数据库

　　C. 多重合并计算数据区域　　　　　　　　D. 查询条件

13. 在 WPS 表格的数据清单中进行排序操作时，当以"姓名"字段作为关键字进行排序时，系统将按"姓名"的（　　　）为序重排数据。

　　A. 拼音字母　　　　　B. 部首偏旁　　　　　C. 输入码　　　　　D. 笔画

三、判断题

1. 在启动 WPS Office 后，选择"新建"/"表格"/"空白表格"选项创建的默认工作簿名为"工作簿 1"。　（　　）

2. 在同一个工作簿中，可以为不同工作表设置相同的名称。　（　　）

3. 在 WPS 表格中修改当前活动单元格中的数据时，可通过编辑栏进行修改。　（　　）

4. 在 WPS 表格中拆分单元格时，与 WPS 文字一样，不但可以将合并后的单元格还原，还可以插入多行多列。　（　　）

5. 在 WPS 表格中，要表示一个数据区域，如表示 A3 单元格到 E6 单元格，其表示方法为"A3:E6"。　（　　）

6. 在 WPS 表格中，使用"移动或复制工作表"命令只能将选择的工作表移动或复制到同一工作簿的不同位置。　（　　）

7. 在 WPS 表格中，如果要在工作表的 D 列和 E 列之间插入一列，必须先选择 D 列的某个单元格，然后再进行相关操作。　（　　）

8. 在 WPS 表格的单元格中输入 3/5，表示数值五分之三。　（　　）

9. WPS 表格中的有效数据是指用户可以预先设置某一单元格允许输入的数据类型和范围，并可以设置提示信息。　（　　）

10. 在 WPS 表格中，可以根据需要为表格添加边框线，并设置边框的线型和粗细。　（　　）

11. "A"工作簿中的工作表可以复制到"B"工作簿中。　（　　）

12. 在 WPS 表格中删除行（或列），则后面的行（或列）可以依次向上（或向左）移动。　（　　）

13. 在 WPS 表格中插入单元格后，现有的单元格位置不会发生变化。　（　　）

14. 在工作表上单击行的列标即可选择指定行。　（　　）

15. 为了使单元格区域更加美观，可以为单元格设置边框或底纹。　（　　）

16. 在单元格中输入公式"=SUM($A$1:$A$10)"或公式"=SUM(A1:A10)"，其结果一样。　（　　）

17. 图表建成以后，仍可以在图表中直接修改图表标题。　（　　）

18. 一个数据透视表若以另一个数据透视表为数据源，则在作为数据源的数据透视表中创建的计算字段和计算项也将影响另一个数据透视表。　（　　）

19. 对于已经建立好的图表，如果源工作表中数据项目（列）增加，则图表将自动增加新的项目。　（　　）

20. 在 WPS 表格中进行自动排序的操作时，当只选择表中的一列数据时，其他列数据不发生变化。　（　　）

21. 数据清单的排序，既可以按行进行，也可以按列进行。　（　　）

22. 使用分类汇总之前，最好将数据进行排序，使同一字段值的记录集中在一起。　（　　）

23. 在 WPS 表格中，数据筛选是指从数据清单中选取满足条件的数据，将所有不满足条件的数据行隐藏起来。　（　　）

24. MIN 函数的语法结构为"(Value1,Value2,…)"。　（　　）

25. WPS 表格不但能计算数据，还可对数据进行排序、筛选和分类汇总等高级操作。

( )

26. 利用复杂的条件来筛选数据时，必须使用"高级筛选"功能。 ( )

27. 插入图表后，用户不能更改其类型。 ( )

28. 进行分类汇总时，应先进行排序操作。 ( )

29. "Sheet3!B5"是指"Sheet3"工作表中 B 列第 5 行单元格的地址。 ( )

30. 迷你图虽然简洁美观，但不利于数据分析工作的开展。 ( )

31. 在 WPS 表格中，可以通过"筛选"按钮▽来筛选数据。 ( )

32. 数据透视表的功能是做数据交叉分析表。 ( )

项目四

提升说服力
——演示文稿制作

04

一、单选题

1. 使用 WPS 演示制作幻灯片时，主要通过（　　）制作幻灯片。
   A. 状态栏　　　　　　B. 幻灯片区　　　　C. 大纲区　　　　　　D. 备注区

2. 在 WPS 演示提供的下列视图模式中，（　　）可以进行文本的输入。
   A. "普通"视图、"幻灯片浏览"视图、"大纲"视图
   B. "大纲"视图、"备注页"视图、"阅读视图"
   C. "普通"视图、"大纲"视图、"备注页"视图
   D. "普通"视图、"大纲"视图、"阅读视图"

3. 插入新幻灯片的方法是（　　）。
   A. 在"开始"选项卡中单击"新建幻灯片"按钮
   B. 按【Enter】键
   C. 按【Ctrl+M】组合键
   D. 以上方法均可

4. 打开 WPS 演示后，可通过（　　）建立演示文稿文件。
   A. 在"文件"菜单中选择"新建"命令
   B. 在快速访问工具栏中单击"新建"按钮
   C. 直接按【Ctrl+N】组合键
   D. 以上方法均可

5. 在下列操作中，不能删除幻灯片的是（　　）。
   A. 在"幻灯片"浏览窗格中选择幻灯片，按【Delete】键
   B. 在"幻灯片"浏览窗格中选择幻灯片，按【Backspace】键
   C. 在"幻灯片"浏览窗格中选择幻灯片，单击鼠标右键，在弹出的快捷菜单中选择"重设幻灯片"命令
   D. 在"幻灯片"浏览窗格中选择幻灯片，单击鼠标右键，在弹出的快捷菜单中选择"删除幻灯片"命令

6. 以下操作中，可以保存演示文稿的是（　　）。
   A. 在"文件"菜单中选择"保存"命令　　B. 在快速访问工具栏中单击"保存"按钮
   C. 按【Ctrl+S】组合键　　　　　　　　D. 以上方法均可

7. 对演示文稿中的幻灯片进行操作，通常包括（　　）。
   A. 选择、插入、移动、复制和删除幻灯片　B. 选择、插入、移动和复制幻灯片
   C. 选择、移动、复制和删除幻灯片　　　　D. 复制、移动和删除幻灯片

8. 在 WPS 演示中，更改当前演示文稿的设计模板后，（　　）。
   A. 所有幻灯片均采用新模板
   B. 只有当前幻灯片采用新模板

    C. 所有的剪贴画均丢失

    D. 除已加入的空白幻灯片外，所有的幻灯片均采用新模板

9. 下列关于幻灯片的移动、复制和删除等操作，叙述错误的是（   ）。

    A. 在"幻灯片浏览"视图中最方便进行这些操作

    B. "复制"命令只能在同一演示文稿中进行

    C. "剪切"命令也可用于删除幻灯片

    D. 选择幻灯片后，按【Delete】键可以删除幻灯片

10. 下列关于 WPS 演示的说法，错误的是（   ）。

    A. 可以在"幻灯片浏览"视图中调整幻灯片中动画对象的出现顺序

    B. 可以在"普通"视图中设置幻灯片中文本和对象的动态效果

    C. 可以在"幻灯片浏览"视图中设置幻灯片的切换效果

    D. 可以在"普通"视图中设置幻灯片的切换效果

11. 下列有关选择幻灯片的操作，错误的是（   ）。

    A. 在"幻灯片浏览"视图中单击幻灯片

    B. 如果要选择多张不连续的幻灯片，则在"幻灯片浏览"视图中按住【Ctrl】键并单击各张幻灯片

    C. 如果要选择多张连续的幻灯片，则在"幻灯片浏览"视图中先选择一张幻灯片，然后按住【Shift】键并单击最后要选择的幻灯片

    D. 在"幻灯片浏览"视图中，不可以选择多张幻灯片

12. 关闭 WPS 演示文稿时，若不保存修改过的演示文稿，则（   ）。

    A. 系统会发生崩溃   B. 刚刚编辑过的内容将会丢失

    C. WPS 演示文稿将无法正常启动   D. 硬盘会产生错误

13. 在 WPS 演示中，如需在占位符中添加文本，则正确的操作是（   ）。

    A. 选择占位符，将文本插入点置于占位符内

    B. 在"开始"选项卡中单击"版式"按钮▤

    C. 在"开始"选项卡中单击"粘贴"按钮▣插入文本

    D. 按【Insert】键创建新的文本

14. 在 WPS 演示中，如需用文本框在幻灯片中添加文本，则应该在"插入"选项卡中单击（   ）按钮。

    A. "图片"   B. "文本框"   C. "文字"   D. "表格"

15. 下列有关 WPS 演示中移动和复制文本的叙述，不正确的是（   ）。

    A. 在复制文本前，必须先选择   B. 复制文本的快捷键是【Ctrl+C】组合键

    C. 文本的剪切和复制没有区别   D. 能在多张幻灯片间进行复制文本的操作

16. 在 WPS 演示中进行粘贴操作时，可通过按（   ）组合键实现。

    A. 【Ctrl+C】   B. 【Ctrl+P】   C. 【Ctrl+X】   D. 【Ctrl+V】

17. 下列关于设置文本段落格式的叙述，正确的是（   ）。

    A. 图形不能作为项目符号

    B. 设置文本的段落格式时，一般通过"设计"选项卡进行操作

    C. 行距可以是任意值

    D. 以上说法全都错误

18. 在 WPS 演示中创建表格时，正确的操作是（   ）。

    A. 在"插入"选项卡中单击"对象"按钮▥

    B. 在幻灯片的文本占位符中单击 ▥ 按钮

C. 在"插入"选项卡中单击"表格"按钮▦

D. 在"插入"选项卡中单击"附件"按钮✎

19. 下列关于在 WPS 演示中插入图片的叙述，错误的是（　　　）。

A. 在幻灯片任何视图中，都可以显示要插入图片的幻灯片

B. 在 WPS 演示中，可以通过占位符插入图片

C. 插入图片的路径可以是本地图片路径，也可以是网络图片路径

D. 用户可以根据需要更改幻灯片中图片的大小和位置

20. 在 WPS 演示中，下列说法错误的是（　　　）。

A. 可以动态显示文本和对象　　　　　　B. 可以更改动画对象的出现顺序

C. 图表不可以设置动画效果　　　　　　D. 可以设置幻灯片的切换效果

21. 在演示文稿中插入超链接时，所链接的目标不能是（　　　）。

A. 另一个演示文稿　　　　　　　　　　B. 同一个演示文稿中的某一张幻灯片

C. 其他应用程序的文档　　　　　　　　D. 幻灯片中的某一个对象

22. 在 WPS 演示中，停止幻灯片的播放应按（　　　）键。

A.【Enter】　　　　B.【Shift】　　　　C.【Ctrl】　　　　D.【Esc】

23. 下列关于幻灯片动画和超链接的说法，错误的是（　　　）。

A. 幻灯片中动画对象的出现顺序不能随意修改

B. 动画对象在播放之后可以再添加效果

C. 可以在演示文稿中添加超链接，然后借其跳转到不同的位置

D. 创建超链接时，起点可以是任何文本或对象

24. 在 WPS 演示中应用模板后，新模板将会改变原演示文稿的（　　　）。

A. 配色方案　　　B. 幻灯片母版　　　C. 标题母版　　　D. 以上选项都对

25. 下列关于 WPS 演示文稿的说法，正确的是（　　　）。

A. 可以将演示文稿中选择的信息链接到其他演示文稿幻灯片中的任何对象

B. 可以为幻灯片中的对象设置播放动画的时间顺序

C. WPS 演示文稿的扩展名为".pot"

D. 不能在一个演示文稿中同时使用不同的模板

26. 下列操作中，通过幻灯片母版不可能完成的是（　　　）。

A. 使相同的图片出现在所有幻灯片的相同位置

B. 使所有幻灯片具有相同的背景颜色及图案

C. 使所有幻灯片的占位符具有相同的格式

D. 编辑所有幻灯片中的内容

27. 若要改变超链接文字的颜色，应该通过（　　　）对话框实现。

A."超链接颜色"　　　　　　　　　　　B."幻灯片版面设置"

C."字体设置"　　　　　　　　　　　　D."新建主题颜色"

28. 在 WPS 演示中，为所有幻灯片中的对象设置统一样式，需应用（　　　）功能。

A. 模板　　　　　　B. 母版　　　　　　C. 版式　　　　　　D. 样式

29. 在幻灯片放映过程中，（　　　）可以退出幻灯片放映。

A. 按【Space】键　B. 按【Esc】键　C. 单击鼠标左键　D. 单击鼠标右键

30. 在设置幻灯片放映的换页效果时，应通过（　　　）进行设置。

A. 动作按钮　　　　B."切换"选项卡　C. 预设动画　　　D. 自定义动画

31. 下列放映方式中，（　　　）不是全屏幕放映。

A. 演讲者放映　　　B. 从头开始放映　C. 观众自行浏览　D. 在展台浏览

32. 在演示文稿中设置幻灯片的切换速度是在（   ）中进行的。

    A. "切换"选项卡中的"自动换片"数值框

    B. "切换"选项卡中的"效果选项"下拉列表

    C. "切换"选项卡中的"速度"数值框

    D. "自定义动画"任务窗格

33. 母版分为（   ）。

    A. 幻灯片母版和讲义母版

    B. 幻灯片母版和标题母版

    C. 幻灯片母版、讲义母版、标题母版和备注母版

    D. 幻灯片母版、讲义母版和备注母版

34. WPS 演示提供了文件的（   ）功能，可以将演示文稿及其所链接的各种声音与图片等外部文件统一保存起来。

    A. "定位"   B. "另存为"   C. "存储"   D. "打包"

35. 如果要想更改幻灯片上各对象出现的顺序，则一般可通过（   ）来调整。

    A. 选择需调整的动画，并将其拖至所需位置

    B. 选择需调整的动画，单击鼠标右键，使用快捷菜单中的命令

    C. "切换"选项卡

    D. "对象属性"任务窗格

36. 在 WPS 演示中，一般通过（   ）来添加动作按钮。

    A. "插入"选项卡中的"形状"按钮   B. "插入"选项卡中的"动作"按钮

    C. "插入"选项卡中的"对象"按钮   D. "插入"选项卡中的"超链接"按钮

二、多选题

1. 下列关于在 WPS 演示中创建新幻灯片的叙述，正确的有（   ）。

    A. 新幻灯片可以用多种方式创建

    B. 新幻灯片只能通过"幻灯片"浏览窗格来创建

    C. 新幻灯片的输出类型可以根据需要来设置

    D. 新幻灯片的输出类型固定不变

2. 下列关于在幻灯片占位符中插入文本的叙述，正确的有（   ）。

    A. 插入的文本一般不加限制   B. 插入的文本有很多限制条件

    C. 插入标题文本一般在状态栏中进行   D. 插入标题文本可以在大纲区中进行

3. 在 WPS 演示的"幻灯片浏览"视图中，可进行的操作有（   ）。

    A. 移动幻灯片   B. 对幻灯片文本内容进行编辑

    C. 设置幻灯片的切换效果   D. 设置幻灯片对象的动画效果

4. 在 WPS 演示的"幻灯片浏览"视图中，可进行（   ）操作。

    A. 复制幻灯片   B. 删除幻灯片

    C. 幻灯片文本内容的编辑   D. 重排演示文稿所有幻灯片的顺序

5. 下列关于在 WPS 演示中选择文本的说法，正确的有（   ）。

    A. 文本选择完毕，所选文本会出现底纹   B. 文本选择完毕，所选文本会闪烁

    C. 单击文本区，会显示文本插入点   D. 单击文本区，文本框会闪烁

6. 下列有关移动和复制文本的叙述，正确的有（   ）。

    A. 剪切文本的快捷键是【Ctrl+P】组合键

    B. 复制文本的快捷键是【Ctrl+C】组合键

    C. 文本的复制和剪切是有区别的

    D．单击"粘贴"按钮的效果与按【Ctrl+V】组合键一样

7．下列关于在 WPS 演示中创建表格的说法，正确的有（   ）。

    A．打开一个演示文稿，选择需要插入表格的幻灯片，通过"插入"选项卡中的"表格"按钮囲可插入表格

    B．在"插入"选项卡中单击"表格"按钮囲，在打开的下拉列表中直接设置表格的行数和列数

    C．在"插入表格"对话框中要输入插入表格的行数和列数

    D．完成插入后，表格的行数和列数无法修改

8．下列幻灯片对象中，可以设置动画效果的有（   ）。

    A．音频和视频   B．文字   C．图片   D．图表

9．关于在幻灯片中插入音频的操作，下列说法中正确的有（   ）。

    A．插入音频的操作包括"嵌入音频""链接到音频""嵌入背景音乐"和"链接背景音乐"

    B．在幻灯片中插入音频后，当前幻灯片中会出现一个音频图标，选择该图标可对音频进行编辑

    C．通过"动画"选项卡执行插入音频的操作

    D．通过"音频工具"选项卡可对音频播放方式进行设置

10．关于在幻灯片中插入视频的操作，下列说法中正确的有（   ）。

    A．通过"插入"选项卡中的"视频"按钮▷可插入视频文件

    B．在幻灯片中插入视频后，可对视频外观进行设置和美化

    C．插入视频的操作包括"嵌入本地视频"和"插入网络视频"

    D．在"插入视频"对话框中，只需双击要插入的视频即可完成插入

11．下列关于动画设置的说法，正确的有（   ）。

    A．通过"动画"选项卡可添加动画

    B．如果要预览动画，可在"动画"选项卡中单击"预览效果"按钮☆

    C．动画效果只能通过播放状态预览，不能直接预览

    D．在"动画"选项卡中单击"动画窗格"按钮☆，在打开的任务窗格中可对动画效果进行详细设置

12．下列属于常用动画效果的有（   ）。

    A．飞入   B．擦除   C．形状   D．打字机

13．下列关于在 WPS 演示中应用模板的叙述，正确的有（   ）。

    A．可以通过"设计"选项卡中的"更多主题"按钮☆选择模板主题

    B．在使用模板之前，可以先预览模板内容

    C．不应用设计模板，将无法设计幻灯片

    D．WPS 演示提供了很多自带的模板样式

三、判断题

1．在 WPS 演示的"大纲"浏览窗格中，可以实现在其他视图中可实现的一切编辑功能。

（   ）

2．插入幻灯片的方法一般有通过"幻灯片"浏览窗格在当前幻灯片后插入新幻灯片、在"大纲"浏览窗格中插入幻灯片和在"幻灯片浏览"视图中添加幻灯片 3 种。（   ）

3．直接按【Ctrl+N】组合键可以在当前幻灯片后插入新幻灯片。（   ）

4．当要移动多张连在一起的幻灯片时，先选择要移动的多张幻灯片中的第一张，然后在按住【Shift】键的同时单击要移动的最后一张幻灯片，再进行移动操作即可。（   ）

5．WPS 演示中的默认视图是"幻灯片浏览"视图。（   ）

6. 在"幻灯片浏览"视图中不能编辑幻灯片中的具体内容。 （   ）

7. 编辑区主要用于显示和编辑幻灯片的内容，它是演示文稿的核心部分。 （   ）

8. 在 WPS 演示中，通过在"开始"选项卡中单击"节"按钮🔲，可使用"节"功能。
（   ）

9. 在 WPS 演示中，在"插入"选项卡中单击"页眉页脚"按钮🔲，可设置幻灯片页眉、页脚、日期和时间。 （   ）

10. 在占位符中添加的文本无法修改。 （   ）

11. 在 WPS 演示文稿的形状中添加了文本后，插入的形状其大小无法改变。 （   ）

12. 在 WPS 演示文稿中设置文本的字体格式时，文字的效果选项可以选择不进行设置。
（   ）

13. 在 WPS 演示文稿中设置文本的段落格式时，可以根据需要把图形设置为项目符号。
（   ）

14. 在幻灯片中创建表格时，如果插入错误，可以通过"撤销"按钮↺来撤销操作。 （   ）

15. 动画计时和切换计时是指设置切换和动画效果时对其速度的设定。 （   ）

16. 在拥有母版的演示文稿中添加幻灯片后，新添加的幻灯片也将应用到该母版格式中。
（   ）

17. 用户只能为文本对象设置动画效果。 （   ）

18. 在放映幻灯片的过程中，用户还可设置声音效果。 （   ）

19. 母版可用来为同一演示文稿中的所有幻灯片设置统一的版式和格式。 （   ）

20. 在 WPS 演示中创建了幻灯片后，该幻灯片即具有了默认的动画效果。如果用户对该效果不满意，可重新设置。 （   ）

21. 在 WPS 演示文稿中，排练计时是经常使用的一种设定时间的方法。 （   ）

22. 在 WPS 演示文稿中，让不需要的幻灯片在放映时隐藏，可以通过"放映"选项卡中的"隐藏幻灯片"按钮🔲来设置。 （   ）

23. 如果要终止幻灯片的放映，可直接按【Esc】键。 （   ）

项目五

快速获取信息——信息检索

05

一、单选题

1. 信息检索的基本流程不包括（　　）。

    A. 选择检索工具　　　B. 确定检索词　　　C. 调整检索策略　　　D. 选择信息源

2. （　　）是一种相关性检索，它不会直接给出用户所提出问题的答案，只会提供相关的文献以供参考。

    A. 数据检索　　　　　B. 文献检索　　　　C. 手工检索　　　　　D. 事实检索

3. （　　）在接收用户查询请求后会同时在多个搜索引擎上进行搜索，并将结果返回给用户。

    A. 元搜索引擎　　　　　　　　　　　　　B. 全文搜索引擎

    C. 目录索引　　　　　　　　　　　　　　D. 信息检索

4. 使用 site 指令可以查询某个域名（计算机在网络上的定位标识）被该搜索引擎收录的页面数量，其格式为（　　）。

    A. "site" +半角冒号 ":"　　　　　　　　B. "site" +半角冒号 ":" +关键词

    C. "site" +全角冒号 ":" +网站域名　　　D. "site" +半角冒号 ":" +网站域名

5. 使用（　　）指令可以查询在页面标题中包含指定关键词的页面数量。

    A. inurl　　　　　　B. or　　　　　　　C. intitle　　　　　　D. site

二、多选题

1. 广义的信息检索包括（　　）。

    A. 收集　　　　　　B. 选择　　　　　　C. 存储　　　　　　D. 获取

2. 根据检索途径的不同，信息检索可以分为（　　）两种类型。

    A. 直接检索　　　　B. 计算机检索　　　C. 间接检索　　　　D. 机械检索

3. 数据检索以特定的数据为检索对象，包括（　　）等。

    A. 统计数字　　　　B. 工程数据　　　　C. 图表　　　　　　D. 计算公式

4. 检索对象是指检索的目标对象，常见的检索对象有（　　）等。

    A. 图表　　　　　　B. 文献　　　　　　C. 事实　　　　　　D. 数据

5. 信息检索在（　　）工作中有重要作用。

    A. 申请专利　　　　　　　　　　　　　　B. 论文写作

    C. 科技成果申报奖项　　　　　　　　　　D. 各科研项目的申报、立项

6. 下列选项中，不属于专业搜索引擎的有（　　）。

    A. 新浪　　　　　　B. 百度　　　　　　C. Google　　　　　D. 网易

7. 目前常用的专利检索平台有（　　）。

    A. 世界知识产权组织的官方网站　　　　　B. 国家知识产权局官方网站

    C. 中国专利信息中心　　　　　　　　　　D. 万方数据知识服务平台

8. 社交媒体平台包含海量的信息，常用的社交媒体平台有（　　）。

    A. 抖音　　　　　　B. 哔哩哔哩　　　　C. 微信　　　　　　D. 新浪微博

三、判断题

1. 文献检索的结果是相关性的。检索结果不直接回答用户提出的技术问题，只提供相关的文献供用户参考。 （　　）

2. 信息存储是指通过对大量无序信息进行选择、收集、著录、标引后，组建成各种信息检索工具或系统，使无序信息转化为有序信息集合的过程。 （　　）

3. 事实检索是一种确定性检索，它能够返回确切的数据，直接回答用户提出的问题。 （　　）

4. 计算机检索具有检索方便快捷、获得信息类型多、检索范围广泛等特点。 （　　）

5. 全文搜索引擎是目前广泛应用的搜索引擎，如百度和 360 搜索。 （　　）

6. 如果打算了解最新的专业学术动态，可利用学术信息检索平台查阅相关资料。 （　　）

7. CALIS 的全称是中国高等教育文献保障系统。 （　　）

项目六

感受新兴技术
——新一代信息技术概述

06

一、单选题

1. 下列不属于云计算特点的是（　　　）。
   A. 高可扩展性　　　B. 按需服务　　　C. 高可靠性　　　D. 非网络化
2. 下列不属于典型大数据常用单位的是（　　　）。
   A. MB　　　　　　B. ZB　　　　　　C. PB　　　　　　D. EB
3. 下列选项中，不属于新一代信息技术的是（　　　）。
   A. 移动互联网　　　B. 云计算　　　　C. 大数据　　　　D. 物联网
4. 区块链的主要特征是（　　　）。
   A. 中心化　　　　　B. 匿名性　　　　C. 不自治性　　　D. 信息可篡改
5. 下列关于云计算的表述中，正确的是（　　　）。
   A. 云计算就是将分散的数据集中在一起进行计算
   B. 云计算对用户端的设备要求较高
   C. 云计算提供了一个免费但安全性较差的数据存储中心
   D. 云计算可以轻松实现不同设备间的数据和应用共享

二、多选题

1. 人工智能涉及的学科知识包括（　　　）。
   A. 计算机科学　　　B. 心理学　　　　C. 哲学　　　　　D. 语言学
2. 区块链是（　　　）计算机技术的新型应用模式。
   A. 分布式数据存储　B. 点对点传输　　C. 共识机制　　　D. 加密算法
3. 下列选项中，属于物联网所具有的特点的有（　　　）。
   A. 全面感知　　　　B. 智能处理　　　C. 可靠传递　　　D. 按需服务
4. 大数据是指无法在一定时间范围内用常规软件或工具进行捕捉、管理、处理的数据集合，其特点有（　　　）。
   A. 价值密度低　　　B. 数据体量巨大　C. 处理速度快　　D. 数据类型多样
5. 以下应用中，属于人工智能应用的有（　　　）。
   A. 纳米机器人　　　B. 医疗诊断　　　C. 人脸识别　　　D. 智能机器人

三、判断题

1. 人工智能在很多领域都得到了不同程度的应用，如在线客服、自动驾驶、智慧生活、智慧医疗等。（　　　）
2. 典型的大数据一般会用到 MB、GB 和 ZB 这 3 种单位。（　　　）
3. 云计算技术主要包括 3 种角色，分别为资源的整合运营者、资源的使用者和终端客户。（　　　）
4. 智能家居是大数据应用的典型案例。（　　　）
5. 量子叠加是指两个或多个量子系统之间具有超距的关联性，也是一种超空间的相关性，即一种非定域的关联。（　　　）

项目七

提升个人素质
——信息素养与社会责任

07

一、单选题

1. 信息素养最核心的组成部分是（　　）。
   A. 信息意识　　　　B. 信息知识　　　　C. 信息能力　　　　D. 信息道德

2. 下列关于信息素养要素的说法中，正确的是（　　）。
   A. 信息素养是指对信息的洞察力和敏感程度，体现的是捕捉、分析、判断信息的能力
   B. 信息知识一方面包括信息基础知识，另一方面包括信息技术知识
   C. 信息能力可以判断一个人有没有信息素养、有多高的信息素养
   D. 一个人信息素养的高低，与其信息处理与利用能力的高低密不可分

3. 下列关于职业理念的理解中，正确的是（　　）。
   A. 我们每个人都应尽可能从事能使自己出名的行业
   B. 职业无高低贵贱的区别，只有等级的区分
   C. 哪怕是平凡的岗位，只要努力去做，也有机会干出不平凡的成绩
   D. 我们在挑选职业时，应该以薪酬的高低作为衡量准则

4. 用户通过网络找到自己所需的信息后，能够利用一些工具对其进行归纳、分类、整理的能力是（　　）。
   A. 信息知识的获取能力　　　　　　　　B. 信息的创新能力
   C. 信息处理与利用能力　　　　　　　　D. 信息资源的评价能力

5. 我国首次界定了计算机犯罪的法律是（　　）。
   A.《中华人民共和国刑法》　　　　　　B.《计算机信息系统安全保护条例》
   C.《计算机软件保护条例》　　　　　　D.《中华人民共和国技术合同法》

二、多选题

1. 信息素养的主要要素包括（　　）。
   A. 信息意识　　　　B. 信息知识　　　　C. 信息道德　　　　D. 信息能力

2. 信息安全的三要素包括（　　）。
   A. 可靠性　　　　　B. 可用性　　　　　C. 完整性　　　　　D. 机密性

3. 信息安全面临的威胁主要包括（　　）。
   A. 黑客恶意攻击
   B. 网络自身及其管理有所欠缺
   C. 非法网站设置的陷阱
   D. 用户不良行为引起的安全问题

4. 信息意识具体表现为对信息的（　　）。
   A. 敏感度　　　　　B. 选择能力　　　　C. 消化吸收能力　　D. 利用能力

5. 评价信息的主要指标包括（　　）。
   A. 准确性　　　　　B. 权威性　　　　　C. 时效性　　　　　D. 易获取性

三、判断题

1. 信息知识是信息活动的基础。 （　　）

2. 信息意识是信息素养最核心的组成部分。 （　　）

3. 信息伦理主要涉及信息隐私权、信息准确性权利、信息产权、信息资源存取权等方面的问题。

（　　）

4. 确立正确的人生观是职业行为自律的前提。 （　　）

5. 面对 AIGC 所带来的风险，AIGC 的相关从业人员应当遵守的职业道德包括诚信与责任、尊重隐私与数据安全保护、具备专业素养和持续学习的精神、倡导和践行科技向善的理念等。

（　　）

一、单选题

1. 世界上第一个聊天机器人 ELIZA 的发布者是（　　）。
   A. 乔治·德沃尔
   B. 赫伯特·西蒙
   C. 约瑟夫·魏泽鲍姆
   D. 格拉斯·莱纳特

2. 下列关于人工智能核心要素的说法中，错误的是（　　）。
   A. 人工智能的核心要素主要包括算法、数据和算力
   B. 算法是人工智能系统的"心脏"
   C. 数据是人工智能系统的"燃料"
   D. 算力是人工智能系统的"动力"

3. 目前，人机交互的诸多形式中，不包括（　　）。
   A. 触摸屏交互　　B. 脑电波识别交互　　C. 手势识别交互　　D. 语音识别交互

4. 能带给用户身临其境的体验的技术是（　　）。
   A. 增强现实　　B. 计算机视觉　　C. 虚拟现实　　D. 人机交互

5. 以下不属于"人工智能+教育"应用的是（　　）。
   A. 虚拟学生　　B. 虚拟教师　　C. 智能辅助教育　　D. VR/AR 教育体验

6. 使用人工智能技术的手术机器人具有的优势是（　　）。
   A. 让手术医生腾出更多的时间，并将这些时间聚焦在需要更多解读或判断的内容审阅上
   B. 能为用户提供医疗咨询、自诊、导诊等服务
   C. 实现精准的手术操作和决策，大大降低手术所需时间
   D. 实现精准的手术操作和决策，大大降低操作风险和提高手术成功率

二、多选题

1. 《人工智能法案》的主要内容包括（　　）。
   A. 通过采取风险分级监管的方式，为人工智能系统的开发、市场投放和使用制定统一规则
   B. 不要求人工智能系统提供者确保其系统的安全性
   C. 要求高风险人工智能系统的提供者确保系统的安全性、透明度和可追溯性
   D. 对人工智能系统不进行任何监管

2. 人工智能的核心要素包括（　　）。
   A. 算法　　B. 数据　　C. 算力　　D. 技术

3. 人工智能中常用的算力包括（　　）。
   A. 中央处理器　　B. 图形处理器　　C. 分布式计算　　D. 云计算

4. 智能医疗的主要特点包括（　　）。
   A. 信息化　　B. 个性化　　C. 智能化　　D. 精准化

5. AIGC 的特点包括（　　）。
   A. 自动化生产　　B. 创意驱动　　C. 依赖人工控制　　D. 持续进化

三、判断题

1. 自然语言是指自然地随文化演化的语言，即人们日常使用的语言。（　　）

2. 智能教育指的是将人工智能技术深度融入教育行业，通过智能化的手段来优化教育环境，从而推动传统教育模式、教学方法和学习体验发生根本性变革的一种新型教育模式。（　　）

3. 智能交通的发展历程有两个阶段，分别是认知阶段和应用阶段。（　　）

4. AIGC 的核心机制在于，通过人类的训练引导，机器能够领会并执行人类下达的任务（即指令），最终达成任务目标。（　　）

5. 句子提示词是 AIGC 提示词中的基础形式。（　　）